MATHEMATIK NEUE WEGE

ARBEITSBUCH FÜR GYMNASIEN

Einführungsphase

LÖSUNGEN

Herausgegeben von
Henning Körner
Arno Lergenmüller
Günter Schmidt
Martin Zacharias

Schroedel

MATHEMATIK NEUE WEGE
Arbeitsbuch für Gymnasien
Einführungsphase
Lösungen

Herausgegeben und bearbeitet von:

Armin Baeger, Prof. Dr. Rolf Biehler, Michael Bostelmann, Dieter Eichhorn,
Florian Engelberger, Aloisius Görg, Andreas Jacob, Henning Körner,
Prof. Dr. Katja Krüger, Dr. Eberhard Lehmann, Arno Lergenmüller, Annelies Paulitsch,
Kerstin Peuser, Dr. Karl Reichmann, Michael Rüsing, Olga Scheid, Prof. Günter Schmidt,
Martin Traupe, Reimund Vehling, Thomas Vogt, Dr. Hubert Weller, Martin Zacharias

© 2014 Bildungshaus Schulbuchverlage
Westermann Schroedel Diesterweg Schöningh Winklers GmbH, Braunschweig
www.schroedel.de

Das Werk und seine Teile sind urheberrechtlich geschützt. Jede Nutzung in anderen als den gesetzlich zugelassenen Fällen bedarf der vorherigen schriftlichen Einwilligung des Verlages. Hinweis zu § 52a UrhG: Weder das Werk noch seine Teile dürfen ohne eine solche Einwilligung gescannt und in ein Netzwerk eingestellt werden. Dies gilt auch für Intranets von Schulen und sonstigen Bildungseinrichtungen.
Auf verschiedenen Seiten dieses Buches befinden sich Verweise (Links) auf Internet-Adressen. Haftungshinweis: Trotz sorgfältiger inhaltlicher Kontrolle wird die Haftung für die Inhalte der externen Seiten ausgeschlossen. Für den Inhalt dieser externen Seiten sind ausschließlich deren Betreiber verantwortlich. Sollten Sie bei dem angegebenen Inhalt des Anbieters dieser Seite auf kostenpflichtige, illegale oder anstößige Inhalte treffen, so bedauern wir dies ausdrücklich und bitten Sie, uns umgehend per E-Mail davon in Kenntnis zu setzen, damit beim Nachdruck der Verweis gelöscht wird.

Druck A^3 / Jahr 2016
Alle Drucke der Serie A sind im Unterricht parallel verwendbar.

Redaktion: Sven Hofmann
Herstellung: Reinhard Hörner
Grafiken: A. Piplak-Römer, Hahndorf; technisch-grafische Abteilung Westermann, Braunschweig; M. Wojczak, Butjadingen
Umschlaggestaltung: KLAXGESTALTUNG, Braunschweig
Satz: Satzteam Bleifrei, Hildesheim
Druck und Bindung: westermann druck GmbH, Braunschweig

ISBN 978-3-507-85812-1

Inhalt

Vorbemerkungen 4
Zu diesem Buch 5

Kapitel 1   Potenzfunktionen und Transformationen
Didaktische Hinweise 12
Lösungen 13

Kapitel 2   Exponentialfunktionen
Didaktische Hinweise 23
Lösungen 24

Kapitel 3   Sinusfunktionen
Didaktische Hinweise 46
Lösungen 47

Kapitel 4   Funktionen und Änderungsraten
Didaktische Hinweise 63
Lösungen 66

Kapitel 5   Funktionen und Ableitungen
Didaktische Hinweise 93
Lösungen 96

Kapitel 6   Orientieren und Bewegen im Raum
Didaktische Hinweise 141
Lösungen 143

Kapitel 7   Stochastik
Didaktische Hinweise 154
Lösungen 158

Vorbemerkungen

Dieses Lösungsheft richtet sich in erster Linie an die Lehrenden.

Die Lösungsskizzen gestatten einmal einen schnellen Überblick über Anspruch und Intention der vielfältigen Aufgaben, zum anderen weisen sie vor allem bei den komplexeren und offenen Aufgaben auf verschiedene Lösungswege hin, wie sie von den Lernenden individuell beschritten werden können. Zusätzlich erläutern die kurzen didaktischen Hinweise vor den Lösungen zu jedem Kapitel noch einmal die konzeptionellen Anliegen der einzelnen Kapitel.

Die Lösungen und Lösungshinweise sind andererseits aber von der Sprache und dem Umfang her so gehalten, dass sie je nach der gewählten Unterrichtsform und Entscheidung der Unterrichtenden auch den Lernenden zur Verfügung gestellt werden können. Dies entspricht unserer Auffassung von eigentätigem und selbstständigem Lernen und dem Erwerb von Lernstrategien, die dieser Werkreihe zugrunde liegt.

Viele Aufgaben in diesem Buch sind auf selbsttätige Aktivitäten ausgerichtet und recht offen angelegt, häufig werden verschiedene Lösungswege explizit herausgefordert. Insofern stellen viele Lösungen nur eine von vielen Möglichkeiten dar. Bei Aktivitäten, die auf Erfahrungsgewinn durch Handeln zielen, haben wir folgerichtig auf die Darstellung von Lösungen verzichtet.

Zu diesem Buch

Dieses Buch stellt in Konzeption und Gestaltung einen neuen Ansatz eines Schulbuches für den Mathematikunterricht am Gymnasium dar. Es greift in mehrfacher Hinsicht die konstruktiven Ansätze auf, die im Zusammenhang mit der Diskussion um die Allgemeinbildung im Mathematikunterricht und über die Ergebnisse der TIMS-Studie und PISA in den letzten Jahren entwickelt wurden und auch in den Bildungsstandards ihren verbindlichen Niederschlag gefunden haben.

1. Das Buch unterstützt eine Unterrichtskultur der Methodenvielfalt mit offenen und schüleraktiven Lernformen. Dadurch wird die absolute Dominanz des Grundschemas *kurze Einführung → algorithmischer Kern → Üben* überwunden.

Dies zeigt sich zunächst in der Gliederung jedes Lernabschnitts in drei Ebenen grün – weiß – grün.

In der **1. grünen Ebene** werden **verschiedene treffende Zugänge zum Thema** des Lernabschnitts angeboten. Dies geschieht in Form von interessanten, aktivitäts- und denkanregenden Aufgaben, welche die unterschiedlichen Interessen und Lerntypen ansprechen. Die alternativ angebotenen Aufgaben zielen auf die aktive Auseinandersetzung mit den Kerninhalten des Lernabschnitts. Sie sind schülerbezogen, situationsgebunden und handlungsauffordernd gestaltet und knüpfen an die Vorerfahrungen der Lernenden an. Sie sind weitgehend offen formuliert und regen zu unterschiedlichen Lösungsansätzen an.

Die **weiße Ebene** beginnt mit einer kurzen Hinleitung zum zentralen Basiswissen, das im hervorgehobenen **Kasten** festgehalten wird. Anschließend wird dieser Inhalt auf vielfältige Weise auf- und durchgearbeitet und gefestigt (→ „intelligentes Üben"). Die **Übungen** hierzu sind kurz, anregend und abwechslungsreich, sie beinhalten neben dem operatorischen Durcharbeiten auch Anwendungen und Vernetzungen, selbstverständlich auch Übungen zum Ausformen von Routinen. Zusätzlich werden Möglichkeiten zur Selbstkontrolle und Tipps zum eigenständigen Lösen angeboten.

Die **2. grüne Ebene** ist der **Erweiterung** und **Vertiefung** gewidmet. Ein wesentlicher Gesichtspunkt ist dabei die Einbindung der Aufgaben in Kontexte und Anwendungen. Ein zweiter Aspekt zielt auf offenere Unterrichtsformen (Experimente, Gruppenarbeit, kleine Projekte), ein dritter auf passende Anregungen zum Problemlösen (Knobeleien). Die Aufgaben sind auch äußerlich unter solchen Aspekten zusammengefasst. Zusätzlich finden sich hier auch lebendig und anschaulich gestaltete Lesetexte/Informationen.

2. Den Aufgaben liegt in allen Ebenen eine Auffassung des „intelligenten Übens" zugrunde.

Dies richtet sich in erster Linie gegen eine einseitige Ausrichtung an schematischem, schablonenhaftem Einüben von Kalkülen und nacktem Begriffswissen zugunsten eines vielfältigen Übens des Verstehens, des Könnens und des Anwendens und der angestrebten Kompetenzen. Intelligentes Üben bedeutet nicht, dass die Aufgaben überwiegend auf anspruchsvollere Fähigkeiten und komplexere Zusammenhänge zielen. Es sind hinreichend viele Aufgaben vorhanden, die einfaches Können stützen und dies auch für den Lernenden erfahrbar machen. Weitere Konstruktionsaspekte beim Aufbau der Aufgaben zum intelligenten Üben:

- Die Übungen sind nicht als vom Lernvorgang isolierte „Drillphasen" abgesetzt, vielmehr sind sie Bestandteil des Lernprozesses.
- Die Übungen sind im Umkreis von einfachen Problemen angesiedelt und durch übergeordnete Aspekte zusammengehalten. Die Probleme erwachsen aus der Interessen- und Erfahrungswelt der Schülerinnen und Schüler.
- Die Übungen ermöglichen auch häufig kleine Entdeckungen oder vergrößern das über die Mathematik hinausweisende Sachwissen. Auf diese Weise kann Üben dann mit Spaß/Freude bei der Anstrengung verbunden sein.
- Die Übungen sind häufig handlungs- und produktorientiert. In der Stochastik geschieht dies durch den konsequenten Einbezug von Simulationen zum Vermuten, Überprüfen und Entwickeln von Modellen und durch die Verwendung selbst erhobener Daten oder realer Daten aus größeren Untersuchungen.

3. Stärkere Berücksichtigung von Aufgaben:
   - für offene und kooperative Unterrichtsformen
   - mit fächerverbindenden und fächerübergreifenden Aspekten
   - zur gleichmäßigen Förderung von Jungen und Mädchen
   - für die Möglichkeit und den Vergleich unterschiedlicher Lösungswege
   - für den konstruktiven Umgang mit Fehlern
   - für das Bewusstmachen und den Erwerb von Strategien für das eigene Lernen
   - den sinnvollen und lernfördernden Einsatz neuer Technologien (Tabellenkalkulation, GTR, DGS)

4. Die Fähigkeiten zum Problemlösen werden kontinuierlich herausgefordert und trainiert.

Dies geschieht unter zwei Leitaspekten: Einmal wird in vielfältigen Anwendungssituationen der Prozess des Modellierens verdeutlicht und immer wieder mit allen Stufen eingeübt. Zum anderen werden die Strategien des Begründens und Beweisens und des kreativen Konstruierens behutsam an innermathematischen Problemstellungen entwickelt und bewusst gemacht. Für beide Aspekte werden hilfreiche Methodenkenntnisse und Strategien im übersichtlich gestalteten „Basiswissen" festgehalten.

5. Die Sprache des Buches ist einfach, griffig, alters- und schülerangemessen.

Das Buch unterstützt vom Kontext der Aufgaben und von der Sprache her die Entwicklung und den Ausbau von Begriffen als Prozess. Dazu dient auch die konsequente Visualisierung mit Fotos, Skizzen und Diagrammen, sowohl zur Motivation, zum Strukturieren, zum Darstellen eines Sachverhaltes als auch zum leichteren Merken von Zusammenhängen. In der Oberstufe erfolgt auch ein weiterer Ausbau der Fachsprache.

6. Das Buch stützt kumulatives Lernen, d.h. die Lernenden erfahren deutlichen Zuwachs an Kompetenz.

Dies wird durch verschiedene Gestaltungselemente erreicht:
- Zunächst werden Wiederholungsaufgaben in Neuerwerbsaufgaben eingebettet.
- Zusätzlich erscheinen Wiederholungen im sogenannten **„check up"**. Hier gibt es übersichtliche Zusammenfassungen und zusätzliche Trainingsaufgaben, zu denen die Lösungen am Ende des Buches zu finden sind.

- Am Ende aller Kapitel finden sich komplexere und lernabschnittsübergreifende Aufgaben unter der Überschrift **„Sichern und Vernetzen – Vermischte Aufgaben"**. Diese sind an den Kompetenzen orientiert und auf jeweils eigenen Seiten unter den Aspekten *„Training"*, *„Verstehen von Begriffen und Verfahren"*, *„Anwenden und Modellieren"* und *„Kommunizieren und Präsentieren"* eingeordnet. Die Lösungen zu diesen Aufgaben finden sich im Internet unter *www.schroedel.de/nw-85811* im Reiter *Downloads*.
- Dem Aufgreifen und Sichern von früherem Wissen und Fähigkeiten dienen zum einen die **„Kopfübungen"**, die in allen Lernabschnitten am Ende der weißen Ebene auftauchen. Zum anderen wird im **„Kompendium"** am Ende des Buches Grundlegendes aus den vorhergehenden Bänden knapp und übersichtlich dargestellt.

7. Das Buch wird eingebettet in eine integrierte Lernumgebung.
- In vielen Aufgaben und Projekten des Buches finden sich Aufforderungen und Anregungen zur **Nutzung der „elektronischen Werkzeuge"** Grafischer Taschenrechner (GTR), Tabellenkalkulation (TK) und Dynamische Geometriesoftware (DGS) sowie des Internets.
- Zum **GTR-Einsatz** gibt es **handbuchartige Anleitungen** zu den gängigen Geräten. Hierin gibt es Verweise auf passende Aufgaben und Werkzeuge, die sich zur Einführung einzelner Bedienelemente anbieten. Diese finden sich im Internet unter *www.schroedel.de/nw-85811* im Reiter *Downloads*.
- Zum Buch gibt es **Interaktive Werkzeuge**, die sehr nutzerfreundliche Werkzeuge bereitstellen, die auf die Konzeption der Analysis, Analytischen Geometrie und Stochastik ausgerichtet sind. Diese Werkzeuge können generell zur Unterstützung des Lernens herangezogen werden, bei manchen Aufgaben wird durch das Maus-Symbol auf die Nutzung eines speziellen Werkzeugs hingewiesen (→ siehe 8). Die Lösungen zu den Interaktiven Werkzeugen finden sich im Internet unter *www.schroedel.de/nw-85811* im Reiter *Downloads*.
- Bei vielen Aufgaben und Projekten werden **Digitale Zusatzmaterialien** (Excel-, GeoGebra-, Fathomdateien) zur Unterstützung der Anschauung und zur Lösungsstrategie angeboten. Diese sind mit dem Maus-Symbol und dem Dateinamen gekennzeichnet. Auf sie kann über das Internet unter *www.schroedel.de/nw-85811* im Reiter *Downloads* zugegriffen werden.
- Sehr hilfreich für die Nutzung des Buches ist der ausführliche Lösungsband, in dem neben den Lösungen auch ausführliche Kommentare und Anregungen zur Vermittlung wesentlicher Kompetenzen und Basisfähigkeiten in **didaktischen Kommentaren** zu den einzelnen Kapiteln des Buches gegeben werden.
- Wie bereits bei den Bänden in der Sekundarstufe I werden zusätzliche **Übungsmaterialien** in Kopiervorlagen bereitgestellt. Diese unterstützen und erweitern insbesondere die in dem Lehrwerk bereits konsequent berücksichtigten Anliegen des Aufbaus mathematischer Basisfähigkeiten und des kontinuierlichen Sicherns des dazugehörigen Basiswissens. Sie bieten damit eine weitere effiziente Hilfe für die Realisierung des kumulativen Lernens. Darüber hinaus findet das im Lehrwerk bereits gegebene ausführliche Angebot an kompetenzorientierten Aufgaben eine nützliche Ergänzung.

8. Didaktische Anmerkungen zum Einsatz der Interaktiven Werkzeuge

Zur Analysis:

Die Interaktiven Werkzeuge beinhalten 18 Applikationen, die als Werkzeuge die Konzeption der Analysis unterstützen. Es werden also die Begriffsbildungsprozesse visualisiert und interaktiv gefördert, so dass tiefere Einsicht und breiteres Verständnis möglich werden. Damit grenzen sich die Applikationen von erweiterten Formelsammlungen oder Trainingsprogrammen für Algorithmen ab, sie regen durchgängig zur eigentätigen Auseinandersetzung und Interaktion an.

In mehreren Applikationen zur Sekantensteigungsfunktion wird der Weg von mittleren Änderungen (Steigungen) zur momentanen Änderung (Tangentensteigung) unter verschiedenen Blickwinkeln gegangen, sodass der grundlegende infinitesimale Prozess einsichtig wird.

In der Applikation zu den Tangentenscharen wird deren Hülleigenschaft erlebbar, in „Funktionenscharen" die Entstehung von Ortskurven. Parameterdarstellungen können in der zugehörigen Applikation in vielfältiger Weise exploriert werden, indem ihre Genesis aus bewegten Punkten unmittelbar erfassbar wird.

Die Möglichkeiten und Bedienungen der einzelnen Werkzeuge werden in der jeweils zugehörigen Detailhilfe näher erläutert.

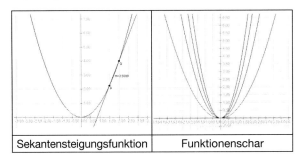

| Sekantensteigungsfunktion | Funktionenschar |

Zur Analytischen Geometrie:

Die Interaktiven Werkzeuge beinhalten 11 Applikationen, die als Werkzeuge die objektorientierte Konzeption der Analytischen Geometrie unterstützen. „Objektorientierung" meint hier, dass die Begriffe und Verfahren der Analytischen Geometrie weitgehend in engem Zusammenhang mit geometrischen Körpern entwickelt werden. Bei der Erkundung und Lösung der vorgegebenen Probleme kann so die „Kraft" der analytischen Methoden erfahren werden.

Vom Handeln und Denken erfolgt das Lernen in dem Dreischritt:
1. Begreifen des realen Modells,
2. Darstellen und Beschreiben im Schrägbild,
3. Darstellen und Beschreiben im analytischen (mathematischen) Modell.

Die Lösungsverfahren im mathematischen Modell werden so nicht schematisch und beziehungslos angewandt, sondern in einen anschaulichen und sinnhaften Zusammenhang eingebettet. Deshalb kann der Erfolg der Rechnungen auch wieder an der Bewältigung des Ausgangsproblems gemessen werden.

Die Interaktiven Werkzeuge greifen im Schritt 2.
Die Körper und die für das Problem interessanten Objekte können mithilfe von Punkten, Linien (Kanten) und Flächen dargestellt werden.

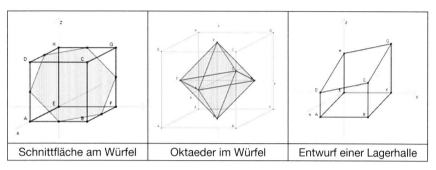

| Schnittfläche am Würfel | Oktaeder im Würfel | Entwurf einer Lagerhalle |

Dabei kann zwischen drei vorgegebenen Projektionen (45°-Projektion, 30°-Projektion, isometrische Projektion) ausgewählt werden. Zusätzlich kann der Körper im Raum „animiert" werden, was in vielen Fällen erst das Entdecken oder Bestätigen von vermuteten Eigenschaften und Beziehungen ermöglicht. Durch das Ein- oder Ausblenden von Punkten, Linien und Flächen sowie das Strecken und Verschieben von Objekten ist hier eine für das entdeckende Lernen günstige Flexibilität gegeben.

Grundsätzlich lassen sich die zu untersuchenden Objekte selbst mit dem Werkzeug erstellen. Zur Erleichterung sind eine Reihe der immer wieder untersuchten Körper in einer günstigen Lage im Koordinatensystem voreingestellt (Würfel und die anderen vier Platonischen Körper Tetraeder, Oktaeder, Dodekaeder, Ikosaeder). Insbesondere in den Würfel (oder den durch Streckungen erzeugten Quader) lassen sich leicht weitere Körper (Dächer, Pyramiden, ...) ein- oder umbeschreiben.

Die Möglichkeiten und Bedienungen der einzelnen Werkzeuge werden in der jeweils zugehörigen Detailhilfe näher erläutert.

Zur Stochastik:
Wichtige Grundlage beim Verstehen von stochastischen Begriffen ist eine möglichst **reichhaltige Erfahrung mit Zufallsphänomenen.**

Kinder und Jugendliche sammeln die meisten Erfahrungen beim Spielen und den dabei verwendeten Zufallsgeräten Münze, Würfel und Glücksrad oder auch beim Ziehen von Kugeln, z.B. aus einer Lostrommel. Im Unterricht kommt häufig auch das reale Galton-Brett zum Einsatz.

Die Konzeption von NEUE WEGE – Stochastik ist darauf ausgerichtet, diese intuitiven Erfahrungen zu erweitern, zu reflektieren und in einer Systematisierung die passenden theoretischen Modelle zu entwickeln und anzuwenden.

Vom Handeln und Denken erfolgt das Lernen in dem Dreischritt:
1. Erfahrungen am realen Zufallsgerät sammeln und reflektieren,
2. Aus der Erfahrung gewonnene Vermutungen durch gezieltes Probieren mithilfe von Simulationen überprüfen,
3. Darstellen und Beschreiben der Erfahrungen und Vermutungen im theoretischen Modell.

Dieser Dreischritt erfolgt nicht immer linear oder vollständig, Vermutungen können auch aus der Theorie gewonnen und dann durch Simulation oder ein Realexperiment überprüft oder weiterentwickelt werden. Die Simulation kann die Anschauung und das Verstehen stochastischer Phänomene wirkungsvoll unterstützen, sie darf aber nicht die Verankerung in der Realität ersetzen.

Die Interaktiven Werkzeuge beinhalten zehn Applikationen, die als Werkzeuge das Zusammenwirken von Simulation und theoretischem Modell unterstützen. Mit den ersten fünf Applikationen werden die oben angeführten Zufallsgeräte mithilfe von Zufallszahlen simuliert. Dabei werden sowohl die Ergebnisse in der Häufigkeitsverteilung dargestellt als auch der Simulationsprozess (Folge der Ergebnisse, Runs u. Ä.) grafisch oder in Listen und Tabellen dokumentiert.

| Münzwurf | Glücksrad | Galton-Brett |

Eine Applikation ermöglicht die direkte Erzeugung von (gleichverteilten) Zufallszahlen. Zusätzlich gibt es drei Werkzeuge zur Darstellung von theoretischen Verteilungen.

Die Möglichkeiten und Bedienungen der einzelnen Werkzeuge werden in der jeweils zugehörigen Detailhilfe näher erläutert.

9. Zur Leistungsdifferenzierung

Eine Differenzierung nach Anspruchsniveau erschließt sich aus dem Aufbau der einzelnen Lernabschnitte: Die Entdeckungs- und Hinführungsaufgaben in der ersten grünen Ebene sind in der offenen Anlage für jedes Leistungsniveau geeignet, differenzierende Hilfen sind im Rahmen der meist angestrebten Partner- oder Gruppenarbeit selbstverständlich. Die Übungen in der weißen Ebene sind vom Elementaren zum Komplexen geordnet, z. T. finden sich auch in den einzelnen Aufgaben in den letzten Teilaufgaben deutlich erhöhte Ansprüche. Ansonsten gibt es zu vielen mathematischen Zusammenhängen sehr anschauliche objektorientierte Zugänge, Überprüfungen und Bestätigungen an Beispielen und allgemeine Begründungen und Beweise, sodass auch hier eine Differenzierung nach Anspruch und Abstraktion leicht realisiert werden kann. Auf den letzten Seiten der weißen Ebene und im Schwerpunkt auch in der zweiten grünen Ebene werden häufig komplexere Aufgaben mit höherem Anspruch aufgeführt. Die Vermischten Aufgaben bieten insbesondere zu den Kompetenzen *„Verstehen von Begriffen und Verfahren"* und *„Anwenden und Modellieren"* viele Gelegenheiten zur selbstständigen Darstellung von Zusammenhängen auf unterschiedlichem Niveau.

Kapitel 1
Potenzfunktionen und Transformationen

Didaktische Hinweise

Dieses erste Kapitel dient der Einführung und Systematisierung von Funktionsbetrachtungen, die für den weiteren Unterricht von besonderer Bedeutung sind. Im Mittelpunkt stehen die Potenzfunktionen als Erweiterung der quadratischen Funktionen. Die aus der Sekundarstufe 1 schon exemplarisch bekannten geometrischen Transformationen von Funktionen werden systematisiert.

In dem Lernabschnitt **1.1 „Potenzfunktionen"** werden die Potenzfunktionen $f(x) = x^r$ als neue Funktionenklasse eingeführt. Dies geschieht durch eigentätige Erkundungen durch die Schülerinnen und Schüler, die deshalb gut möglich sind, weil das neue Werkzeug, der grafikfähige Taschenrechner (GTR), inhaltsbezogen beim „Forschen" hilft und kennengelernt wird. Weiterhin wird der Begriff „Quadratwurzel" wiederholt und „Kubikwurzel" bzw. „3-te Wurzel" eingeführt. Am Ende des Lernabschnitts gibt es fakultativ einen Ausblick auf „n-te Wurzeln" und allgemeine Potenzgleichungen $x^n = a$ sowie die Umkehrung von Funktionen.

In dem Lernabschnitt **1.2 „Parameter verändern Graphen"** wird der Zusammenhang von Variationen der Parameter in $f(x) = a \cdot g(x - b) + c$ mit geometrischen Transformationen (Strecken/Stauchen, Verschieben, Spiegeln) bei verschiedenen Funktionstypen untersucht. Dabei gibt es zunächst die Gelegenheit, Bekanntes zu linearen und quadratischen Funktionen aufzufrischen. Eine wichtige Rolle bei der Erkundung von Neuem spielt das aus vielen früheren Kapiteln bekannte „Funktionenlabor". Hier leistet der GTR wieder gute Hilfe und ermöglicht es, dass Schülerinnen und Schüler eigentätig auf Entdeckungstour gehen können. Die hier gewonnenen Erkenntnisse können im weiteren Unterrichtsverlauf bei der Behandlung von Exponentialfunktionen (Kapitel 2) und Sinusfunktionen (Kapitel 3) angewandt und vertieft werden.

Lösungen

1.1 Potenzfunktionen

1. *Was passiert, wenn ...*
   Für z = –5; –3; –1:
   - Definitionsmenge D: alle $x \in \mathbb{R} \setminus \{0\}$
   - Wertemenge: alle $y \in \mathbb{R} \setminus \{0\}$
   - streng monoton fallend in D
   - punktsymmetrisch zum Ursprung

   Für z = –4; –2:
   - Definitionsmenge: alle $x \in \mathbb{R} \setminus \{0\}$
   - Wertemenge: alle $y > 0$
   - streng monoton steigend in $]-\infty; 0[$, streng monoton fallend in $]0; \infty[$
   - achsensymmetrisch zur y-Achse

   Für z = 0:
   - Definitionsmenge D: alle $x \in \mathbb{R}$
   - Wertemenge: $y = 1$
   - weder steigend noch fallend in D
   - achsensymmetrisch zur y-Achse und parallel zur x-Achse

   Für z = 2; 4:
   - Definitionsmenge: alle $x \in \mathbb{R}$
   - Wertemenge: alle $y \geq 0$
   - streng monoton fallend in $]-\infty; 0[$, streng monoton steigend in $]0; \infty[$
   - achsensymmetrisch zur y-Achse

   Für z = 1; 3; 5:
   - Definitionsmenge D: alle $x \in \mathbb{R}$
   - Wertemenge: alle $y \in \mathbb{R}$
   - streng monoton steigend in D
   - punktsymmetrisch zum Ursprung

2. *Anpassen zweier Funktionen $f(x) = x^r$ an Daten*
   a) $g(x) = x^0 = 1$; $h(x) = x^1 = x$
      Für $x > 1$ liegen die Graphen zwischen g und h, sie wachsen schneller als g und langsamer als h, daher liegt der gesuchte Exponent wohl zwischen 0 und 1. Durch Probieren mit verschiedenen r kann man vermuten: $f_1(x) = x^{\frac{1}{2}}$; $f_2(x) = x^{\frac{1}{3}}$

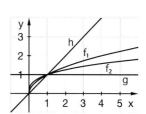

2. Fortsetzung

a) An den Tabelleneinträgen (4|2), (9|3) und (16|4) von f_1 kann erkannt werden:
$f_1(x) = \sqrt{x}$
Am Tabelleneintrag (8|2) bei f_2 kann vermutet werden, dass $f_2(x)$ der Wert ist, dessen dritte Potenz der x-Wert ist.

b) (1) $\sqrt{4}$ cm = 2 cm; $\sqrt{10}$ cm; $\sqrt{50}$ cm; $\sqrt{2000}$ cm
(2) 2 cm; ≈ 4,6416 (4,6416³ ≈ 100); ≈ 7,927; ≈ 27,144
$f_1(x)$: Flächeninhalt des Quadrats mit Kantenlänge x.
$f_2(x)$: Volumen eines Würfels mit Kantenlänge x.

3. Steckbriefe

a) Steckbrief zu $y = f(x) = x^4$
- Definitionsmenge: alle $x \in \mathbb{R}$
- Wertemenge: alle $y \geq 0$
- Achsensymmetrisch zur y-Achse
- O(0|0) liegt auf dem Graphen von f

b) Steckbrief zu $y = f(x) = x^{-6}$
- Definitionsmenge: alle $x \in \mathbb{R} \setminus 0$
- Wertemenge: alle $y > 0$
- Achsensymmetrisch zur y-Achse
- Beide Achsen sind Asymptoten
- Punkte (–1|1) und (1|1) liegen auf dem Graphen von f

c) Steckbrief zu $y = f(x) = x^{-7}$
- Definitionsmenge: alle $x \in \mathbb{R} \setminus 0$
- Wertemenge: alle $y \in \mathbb{R} \setminus 0$
- Punktsymmetrisch zum Ursprung
- Beide Achsen sind Asymptoten
- Punkte (–1|–1) und (1|1) liegen auf dem Graphen von f

d) Steckbrief zu $y = f(x) = x^5$
- Definitionsmenge: alle $x \in \mathbb{R}$
- Wertemenge: alle $y \in \mathbb{R}$
- Punktsymmetrisch zum Ursprung
- Der Graph liegt für $0 < x < 1$ unterhalb von und $y = x^3$ für $x > 1$ oberhalb von $y = x^3$
- Punkte (1|1) und (–1|–1) liegen auf dem Graphen von f

4. Funktionsgleichungen und Graphen zuordnen

a) (3)　　　b) (2)　　　c) (4)　　　d) (1)

5. *Gemeinsames und Unterschiede*

a) $f(1) = 1^n = 1$;

$f(-1) = (-1)^n = \begin{cases} 1 & \text{für n gerade} \\ -1 & \text{für n ungerade} \end{cases}$

b) x^{14}: Für $0 < x < 1$: unterhalb von x^4, für $x > 1$ oberhalb von x^4, viel steiler als x^4

x^{-9}: $0 < x < 1$: oberhalb von x^{-1}, für $x > 1$ unterhalb

c) (1) 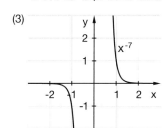 (2)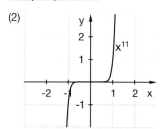

(3) (4)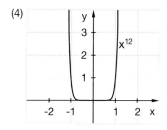

6. *Graphen im Vergleich*

a) x^2 ist in $(0|0)$ am stärksten gekrümmt, x^4 hat die stärksten Krümmungen ungefähr an den Stellen $x = \pm 0{,}6$.

Anmerkung: Ein Scheitelpunkt ist ein Punkt mit maximaler Krümmung. Also ist $(0|0)$ kein Scheitelpunkt von x^4.

Die Graphen von x^6, x^8, ... verlaufen ähnlich wie der Graph von x^4, die Punkte mit stärkster Krümmung ‚wandern' in Richtung $(1|0)$.

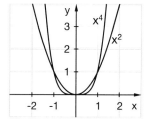

b) $\sqrt{x}$ ist ein halber Parabelbogen, den man erhält, wenn man den Graphen von x^2 für $x < 0$ um 90° um $(0|0)$ dreht oder den Graphen von x^2 für $x > 0$ an $y = x$ spiegelt.

$g(x) = x^3$ gehört in gleicher Weise zu $f(x) = \sqrt[3]{x}$.

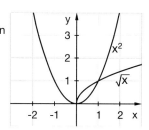

13

7. *Antiproportionalität*

x	1	2	3	4	5
$y = \frac{1}{x}$	1	$\frac{1}{2}$	$\frac{1}{3}$	$\frac{1}{4}$	$\frac{1}{5}$
$y = \frac{2}{x}$	2	1	$\frac{2}{3}$	$\frac{1}{2}$	$\frac{2}{5}$
$y = \frac{5}{x}$	5	$\frac{5}{2}$	$\frac{5}{3}$	$\frac{5}{4}$	1

Aus der Funktionsgleichung $y = \frac{k}{x}$ erhält man durch Äquivalenzumformung für $x \neq 0$: $y \cdot x = k$.

8. *Etwas für Ornithologen*
a) Länge x der Flügel „mal" Flügelschläge y pro Sekunde „ist" konstant.
Erklärung: Je länger (kürzer) die Flügel sind, desto weniger (mehr) Flügelschläge muss der Vogel machen.
b) $24{,}1 \cdot 2{,}8 = 67{,}48 =$ konstant
c)

Vogel	Kormoran	Kolibri
Flügellänge in cm	38	2,5
Flügelschlagfrequenz pro Sekunde	≈ 1,8	≈ 27

9. *Vorsicht Technik*
(1) Annas Aussage ist im ersten Teil falsch, denn es ist $f(-1) = (-1)^{100} = 1$.
Mit dem zweiten Teil ihrer Aussage hat sie nur scheinbar recht, denn es sieht nur so aus, als ob f(x) parallel zur y-Achse verläuft. Es ist $f(1) = 1^{100} = 1$, aber für $f(x) = 100$ ist $x = 1{,}047$. Tatsächlich ist f(x) monoton steigend.
(2) Ben hat auch nur scheinbar recht. Bis $x = 0{,}977$ bleibt $f(x) < 0{,}1$, aber ab $x = 1$ geht der Graph steil nach oben.
(3) Antwort für Hannes: Es ist $f(100) = 100^{100} = (10^2)^{100} = 10^{200}$, also eine 1 mit 200 Nullen.
(4) Für das Zeichnen des Graphen: x-Achse Maßstab 1 cm ≙ 0,1 und für y-Achse Maßstab 1 cm ≙ 0,2, und dann die Werte für $0{,}97 \leq x \leq 1{,}01$ in 0,005-Schritten ermitteln und eintragen.

Kopfübungen

1 a) $\frac{13}{42}$ b) $\frac{1}{42}$ c) $\frac{1}{42}$ d) $\frac{7}{6}$

2 40 Mio. · 0,5 cm = 20 Mio. cm = 200 000 m = 200 km

3 Oberfläche: 600 cm²; Volumen: 1000 cm³

4 Günstige Ergebnisse: 5; 10; 15; 20; Mögliche Ergebnisse: 1; 2; ...; 19; 20
$\Rightarrow p = \frac{4}{20} = \frac{1}{5} = 20\%$

10. *Volumen und Oberfläche eines Würfels*

a) $a = \sqrt{20}$ cm $\approx 4{,}47$ cm $V = a^3 \approx 89{,}4$ cm³
   $a = \sqrt[3]{80}$ cm $\approx 4{,}31$ cm $O = 6 \cdot a^2 \approx 111{,}4$ cm²

b) (1) $V(O) = \left(\sqrt{\frac{O}{6}}\right)^3 = \frac{O}{6} \cdot \sqrt{\frac{O}{6}}$

   (2) $O(V) = 6 \cdot \left(\sqrt[3]{V}\right)^2$

c) $O(V)$: Die Oberfläche wächst zunehmend langsamer, wenn das Volumen zunimmt.
   $V(O)$: Das Volumen wächst zunehmend schneller, wenn die Oberfläche zunimmt.

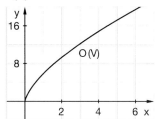
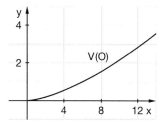

11. *Potenzgleichungen*

a) (1) $x = 2$ (2) keine Lösung
   (3) $x = 10$ (4) $x = -5$

b) In den Grafiken sind Graphen von Potenzfunktionen mit unterschiedlichen Exponenten n sowie zur x-Achse parallele Geraden abgebildet.
   Die Stellen, an denen der Graph der Potenzfunktion $y = x^n$ mit der Geraden $y = c$ einen Schnittpunkt hat, sind die Lösungen der Gleichung $x^n = c$. Man sieht:
   Es kann zwei, eine oder keine Lösungen geben.
   n gerade und $c > 0$: zwei Lösungen
   n gerade und $c < 0$: keine Lösung
   n ungerade: eine Lösung
   n-te Wurzel ziehen auf beiden Seiten führt zu $x = \sqrt[n]{c}$; $x = -\sqrt[n]{c}$

   Formel: $x^n = c \Leftrightarrow |x| = \sqrt[n]{c} \Rightarrow x = \begin{cases} \sqrt[n]{c}; & x \geq 0 \\ -\sqrt[n]{c}; & x < 0 \end{cases}$

c)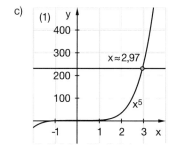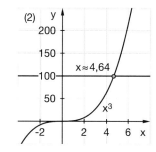

11. Fortsetzung
c)

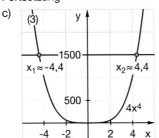
(3)

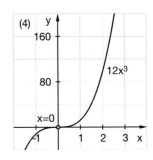
(4)

12. *Genau hingeschaut*
Die Gleichungskette führt auf die falsche Aussage (Widerspruch) –1 = 1. Dies entsteht, wenn man $\sqrt[3]{-1} = -1$ verwendet und zulässt.
Der Graph verläuft auch im Bereich x < 0. Wegen $(-2)^3 = -8$, also: „$\sqrt[3]{-8} = -2$" ist es aus praktischen Gründen aber sinnvoll, dies hier zuzulassen.

13. *Ein kleines Forschungsprojekt*
a) Für alle Graphenpaare gilt: f ist das Spiegelbild von g an der Spiegelachse y = x und umgekehrt.

b)

x	–3	–1	0	2
$y = x^3$	–27	–1	0	8
$z = \sqrt[3]{y}$	–3	–1	0	2

Beobachtung: Mit der Umkehrfunktion z trifft man wieder x-Werte.

x	–3	–1	0	2
$y = x^2$	9	1	0	4
$z = \sqrt{y}$	3	1	0	2

Beobachtung: Mit der Umkehrfunktion z trifft man nur die nicht negativen x-Werte.

x	–3	–1	0	2
$y = \frac{1}{x}$	$-\frac{1}{3}$	–1	–	0,5
$z = \frac{1}{y}$	–3	–1	–	2

Beobachtung: Mit der Umkehrfunktion z trifft man wieder die x-Werte, wobei x = 0 nicht definiert ist.

14. *Umkehrfunktionen bestimmen*
a) $\bar{f}(x) = \sqrt[4]{x}$
b) $\bar{g}(x) = \frac{1}{2}x - \frac{1}{2}$
c) $\bar{h}(x) = x^{\frac{3}{2}}$
d) $\bar{k}(x) = x^{-1} = \frac{1}{x}$

1.2 Parameter verändern Graphen

1. *Zum Wiederholen – Geraden und Parabeln*

a) Gerade

Aus der Geradengleichung $f(x) = ax + b$ kann man unmittelbar den Schnittpunkt $S_y(0|b)$ mit der y-Achse entnehmen. Der Faktor a gibt die Steigung der Geraden an bzw. den Winkel φ mit der x-Achse, denn es ist $\tan \varphi = a$.

Der Schnittpunkt der Geraden mit der x-Achse ist die Nullstelle x_{N_0} der Funktionsgleichung. Es ist $N_0\left(\frac{-b}{a}\Big|0\right)$.

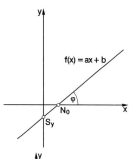

Parabel

Aus der Normalform $f(x) = ax^2 + bx + c$ der Parabel lassen sich folgende Informationen über den Graphen gewinnen:

(1) Öffnung der Parabel nach oben oder unten: Vorzeichen von a + oder –.
(2) Streckung/Stauchung gegenüber der Normalparabel längs der y-Achse: Streckfaktor $|a| > 1$, Stauchfaktor $|a| < 1$.
(3) y-Achsenabschnitt c
(4) Nullstellen: Schnittpunkte mit der x-Achse über die abc-Formel
$x_{1,2} = \frac{-b \pm \sqrt{b^2 - 4ac}}{2a}$ oder die p-q-Formel mit $x_{1,2} = \frac{-p}{2} \pm \sqrt{\left(\frac{p}{2}\right)^2 - q}$ mit $p = \frac{b}{a}$, $q = \frac{c}{a}$.

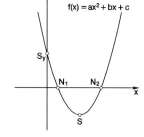

b) Aus der Scheitelpunktform $y = a(x - x_S)^2 + y_S$ lassen sich folgende Informationen über den Graphen gewinnen:
(1) Öffnung der Parabel nach oben oder nach unten
(2) Streckung/Stauchung längs der y-Achse
(3) Die Koordinaten des Scheitelpunktes $S(x_S|y_S)$
(4) Symmetrieachse

Allgemeine Form:
Streckfaktor 2, nach oben geöffnet, (0|1)

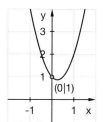

Scheitelpunktform:
SP(2|1), nach unten geöffnet, Streckfaktor –0,5

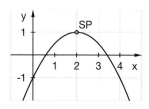

16

1. **Fortsetzung**
   b) Faktorisierte Form:
   Nullstellen: x = 5; x = –1
   Streckfaktor 3
   Aus Nullstellen: Symmetrieachse, SP(2|–27)

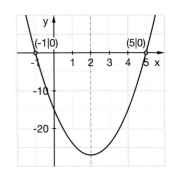

2. *Graphenlabor – Graphen in Bewegung*
   a) a: Streckfaktor; d: Verschiebung in x-Richtung;
      e: Verschiebung in y-Richtung
   b) Es gilt allgemein bei allen Funktionen (1) – (4):
      a: Streckfaktor; d: Verschiebung in x-Richtung;
      e: Verschiebung in y-Richtung

Scheitelpunktform	(1) a variabel; d = 0; e = 0	(2) a = 1; d variabel; e = 0	(3) a = 1; d = 0; e variabel
$g(x) = a(x-d)^3 + e$			
$g(x) = a\sqrt{x-d} + e$			
$g(x) = \dfrac{a}{x-d} + e$			

16 2. Fortsetzung

Scheitelpunktform	(1) a variabel; d = 0; e = 0	(2) a = 1; d variabel; e = 0	(3) a = 1; d = 0; e variabel
$g(x) = a(x-d)^4 + e$			

18 3. *Parameter bewegen Potenzfunktionen*

$f_1 - (2)$; $f_5 - (4)$; $f_6 - (1)$; $f_7 - (3)$

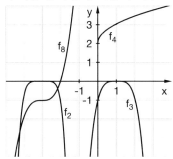

4. *Training – Vom Term zum Graphen*
Umformungen:
g) $f(x) = x^2 - 9$ h) $f(x) = \frac{0{,}5}{x} + 3$ i) $f(x) = 2 \cdot \sqrt{x} + 3$

	a)	b)	c)	d)	e)	f)	g)	h)	i)
Streckung	2	3	2	0,5	3	2	–	0,5	2
Versch. in x-Richtung	–1	–1	–4	–	–1	–3	–	–	–
Versch. in y-Richtung	–	–2	–	4	–2	–1	–9	3	3

5. *Training – Vom Graphen zum Term*

Funktion	a)	b)	c)	d)
$f(x) = x^4$	$f(x) = 2(x-3)^4$	$f(x) = -x^4 - 4$	$f(x) = 0{,}5(x-5)^4 + 5$	$f(x) = -3x^4 + 2$
$g(x) = \sqrt{x}$	$g(x) = 2\sqrt{x-3}$	$g(x) = -\sqrt{x} - 4$	$g(x) = 0{,}5\sqrt{x-5} + 5$	$g(x) = -3\sqrt{x} + 2$
$h(x) = \frac{1}{x}$	$h(x) = \frac{2}{x-3}$	$h(x) = \frac{-1}{x} - 4$	$h(x) = \frac{0{,}5}{x-5} + 5$	$h(x) = \frac{-3}{x} + 2$

6. *Potenzfunktionen durch gegebenen Punkt*
a) (1) $3 = 2^3 + a \Rightarrow a = -5$ (2) $a = -7$ (3) $a = 4$
b) (1) $a = 65$ (2) $a = -5$ (3) $a = 0$

7. *Massentierhaltung im Funktionenzoo*
 (1) $f_1(x) = -x^4 - 1$; $f_2(x) = -x^4$; $f_3(x) = x^4$; $f_4(x) = x^4 + 1$
 (2) $f_k(x) = (x-k)^3 + 1$; $k \in \{-5; -3; -1; 1; 3\}$
 (3) $f_k(x) = \frac{1}{x} + k$; $k \in \{-2; -1; 0; 1; 2\}$

8. *Kreativ mit Technik*
 a) (1) $f_k(x) = (x-k)^3$ (2) $f_k(x) = \frac{k}{x}$; $k \neq 0$ (3) $f_k(x) = (x-k)^2 + k$
 b)

$f_k(x) = k(x-k)^2 + k$

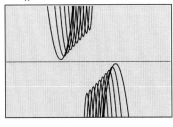

$f_k(x) = (x-k)^4 - k$

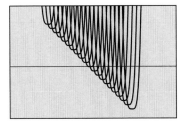

$f_k(x) = \frac{k}{x} - k$; $k \neq 0$

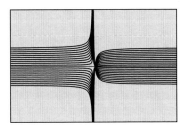

Kopfübungen

1 a) $\frac{4}{5}$ b) 3

2 $g(x) = -9$
 (Nullstellen -3 und 3, Scheitelstelle ist also 0, Scheitelhöhe $p(0) = -9$)

3 $(4|-7)$ und $(-3|2)$

4 etwa $\frac{2}{6} \cdot 6000 = 2000$
 Die beobachtete Anzahl kann jedoch um diesen Wert streuen.

Kapitel 2
Exponentialfunktionen

Didaktische Hinweise

Unter allen Funktionen, mit denen man Wachstum und Zerfall modellieren kann, spielen die Exponentialfunktionen eine besondere Rolle. Nicht nur, dass sich Realität mithilfe dieser Funktionen gut „nachspielen" lässt (Modellieren), auch die Grenzen der Modelle sind schnell evident (Modellkritik). Darüber hinaus sind sie auch innermathematisch interessant. So wachsen z. B. auch die Differenzen $f(x+1) - f(x)$ exponentiell.

Der systematischen Behandlung der Exponentialfunktionen geht der Lernabschnitt **2.1 „Exponentielles Wachstum und Abnahme"** voraus, in dem die Schülerinnen und Schüler exponentielles Wachstum in sehr verschiedenen Situationen erleben. Dieser Lernabschnitt zeichnet sich durch die Vielzahl der Anwendungsgebiete aus. Erste Erkenntnisse an Graphen, an Tabellen und an Funktionstermen werden gewonnen. Besondere Bedeutung gewinnt dabei die Tatsache, dass für Exponentialfunktionen gilt: $f(x+1) = b \cdot f(x)$. Ein Vergleich mit den linearen Funktionen und Potenzfunktionen sollte diese Besonderheit der Exponentialfunktionen bedeutungsvoll machen. In diesem Lernabschnitt werden zahlreiche Anwendungsaufgaben bearbeitet. Auch wenn der Modellierungsgedanke noch nicht sehr im Vordergrund steht, klingt er dennoch an. Treten Exponentialgleichungen beim Lösen von Problemen auf, so werden diese durch Ausprobieren mit dem GTR tabellarisch-grafisch gelöst.

Im Mittelpunkt des Lernabschnitts **2.2 „Entdeckungen am Graphen der Exponentialfunktion"** steht die Exponentialfunktion $f(x) = a \cdot b^{x+c} + d$. Die Bedeutung der Parameter a, b, c und d entdecken die Schülerinnen und Schüler im Graphenlabor durch Experimentieren. Hier werden gewonnene Erkenntnisse systematisiert und ergänzt, die Erkenntnisse aus 1.2 können auf die neue Funktionenklasse übertragen und an deren Besonderheiten angepasst werden. Die Logarithmen bzw. die Logarithmusfunktionen werden als Umkehrung des Exponenzierens bzw. der Exponentialfunktionen als fakultativer Inhalt eingeführt und nach dem Motto „So viel wie unbedingt nötig" zurückhaltend so behandelt, dass Grundvorstellungen und erste Bekanntschaft entstehen.

Der Lernabschnitt **2.3 „Modellieren mit Exponentialfunktionen"** befasst sich mit den Anwendungen von Exponentialfunktionen und dem Modellieren mit Exponentialfunktionen. Dabei werden grundlegende Verfahren zum Suchen von geeigneten Funktionen zu gegebenen Daten ausführlich eingeführt und auch in einem Basiswissen gesichert. Dazu gehören Berechnungen geeigneter Kenngrößen (Wachstumskonstante) ebenso wie Arbeiten mit Funktionenplottern (GTR), Regressionen und algebraischen Verfahren. Einige angerissene Themen wie Altersbestimmung, Bevölkerungswachstum sowie Mathematik und Medizin eignen sich auch als fächerübergreifende Projekte, deren Ergebnisse im Internet auf der Homepage der Schule oder in Ausstellungen im Schulgebäude breite Aufmerksamkeit erzielen werden. Selbstverständlich sind in „Neue Wege" die Themen lediglich angerissen und können leicht erweitert werden.

Lösungen

2.1 Exponentielles Wachstum und Abnahme

1. *Wasserstände während eines Hochwassers*
a) Grafik links: Der Wasserstand steigt stets an; der Anstieg vergrößert sich mit der Zeit.
Grafik Mitte: Der Wasserstand steigt gleichmäßig an.
Grafik rechts: Zunächst steigt der Wasserstand stark an; mit der Zeit verringert sich der Anstieg.
b) Wird die Zunahme größer, so steigt der Graph steiler an („Linkskurve"), bleibt die Zunahme gleich, so ist der Graph eine Gerade, wird die Zunahme schwächer, so steigt der Graph immer flacher werdend an („Rechtskurve").
c)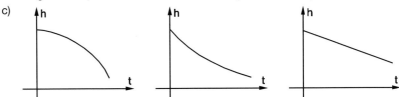

2. *Änderungsverhalten von Funktionen*
a)

x	0	1	2	3	4
links y	4	6	8	10	12
Mitte y	1	2	5	10	17
rechts y	1	2	4	8	16

b) Links: Der Graph steigt mit gleichbleibender Steigung an. Wird x um 1 größer, so wird y um 2 größer.
Mitte: Der Graph steigt mit größer werdender Steigung an. Wird x um 1 größer, so wird die Änderung des y-Wertes um 2 größer.
Rechts: Der Graph steigt mit größer werdender Steigung an. Wird x um 1 größer, so wird die Änderung des y-Wertes um den Faktor 2 größer.
c) Links: $f(x) = 2x + 4$
Mitte: $g(x) = x^2 + 1$
Rechts: $h(x) = 2^x$

3. *Zwei Jobangebote*
   a) (A) erscheint nach erstem Eindruck das bessere Angebot zu sein.
   b)
Tag x	(A) in €	(B) in €
0	50	0,01
1	55	0,02
2	60	0,04
3	65	0,08
4	70	0,16
5	75	0,32
6	80	0,64
…	…	…
10	100	10,24
20	150	10 485,76

   Formeln:
   (A) $f(x) = 5x + 50$
   (B) $g(x) = 2^x$

   c)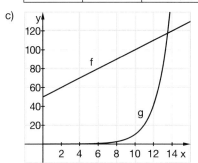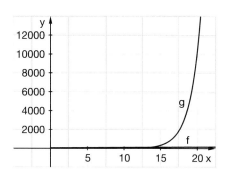
   Die Zunahme des Tageslohns ‚explodiert' bei (B), der Lohn wächst sehr schnell in den letzten 5 Tagen. Die Darstellung in einem Diagramm ist schwierig, da die Unterschiede beider Funktionen in den letzten 5 Tagen sehr groß sind.
   d) Gesamtverdienst: (A) 2100 €;   (B) 20 971,51 €
   (Der Verdienst in den ersten 19 Tagen zusammen ist 1 Cent niedriger als der Verdienst am 20. Tag).
   e) (A) Verdienst am 15.Tag: 125 €; Gesamtverdienst: 1400 €
   (B) Verdienst am 15.Tag: 327,68 €; Gesamtverdienst: 655,35 €
   Für einen Zeitraum von 15 Tagen wäre (A) vorteilhaft.

4. *Mathematisches Modell des Wachstums von Bakterien*
   a)
Zeit (h)	0	1	2	3	4	5	6	7
Anzahl	10	20	40	80	160	320	640	1280

   b) Nach 12 Stunden: 40 960 Bakterien
   Nach 24 Stunden: 167 772 160 Bakterien
   c) Anzahl k nach x Stunden: $k(x) = 10 \cdot 2^x$
   d) $k(x) = 50 \cdot 2^x$
   Nach 12 Stunden: 204 800 Bakterien
   Nach 24 Stunden: 838 860 800 Bakterien
   e) Das rechnerische Ergebnis ist $3{,}74 \cdot 10^{51}$ (nach 1 Woche bei 10 Bakterien zu Beginn). Dies ist natürlich unrealistisch, weil der Wachstumsfaktor wegen äußerer Einflüsse (Temperaturschwankungen, räumliche Einschränkungen u. ä.) nicht über einen längeren Zeitraum konstant bleibt. Zudem sind jedem Wachstum Grenzen gesetzt durch Nahrung, Platz usw.

23

5. *Modellieren*
   a) Die Wahrscheinlichkeit für „Zahl" ist $\frac{1}{2}$. Das bedeutet, dass man nach jedem Wurf voraussichtlich die Hälfte der Münzen wegnimmt.

Wurf	0	1	2	3	4	5	6
Anzahl der Münzen	80	40	20	10	5	2 oder 3	1 oder 2

   b) Anzahl y der Münzen nach x Würfen: $y(x) = 80 \cdot 0{,}5^x$
   c) Man wird nach einigen Würfen keine Münze mehr im Spiel haben (wahrscheinlich nach dem 8. Wurf).

25

6. *Von Prozenten zum Wachstumsfaktor*
   a) 1,07   b) 1,009   c) 0,95
   d) 0,925   e) 3,5   f) 0,995

7. *Vom Wachstumsfaktor zu Prozenten*
   a) 3 % Wachstum   b) 80 % Wachstum   c) 5 % Abnahme
   d) 150 % Wachstum   e) 30 % Wachstum   f) 50 % Abnahme
   g) 0,5 % Abnahme   h) 2,5 % Wachstum   i) 20 % Abnahme

8. *Verschiedene Wachstums- und Abnahmeprozesse*
   a) $I(x) = 80 \cdot 1{,}15^x$;
      Exponentielles Wachstum
   b) $K(x) = 24 - 0{,}5 \cdot x$;
      Linearer Zerfall

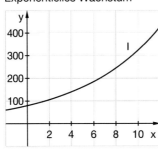
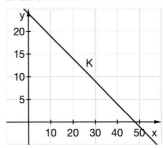

   c) $N(x) = 400 \cdot 0{,}8^x$;
      Exponentieller Zerfall
   d) $M(x) = 13 \cdot 0{,}95^x$;
      Exponentieller Zerfall

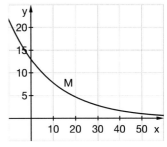

8. e) $Z(x) = 50 \cdot x$;
Lineares Wachstum

f) $G(x) = 5000 \cdot 1{,}025^x$;
Exponentielles Wachstum

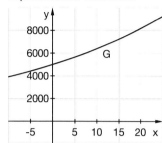

9. *Muster in Daten*
a) exponentiell   Der Wachstumsfaktor ist konstant.
b) quadratisch   Die Zunahme wächst konstant.
c) linear   Die Zunahme ist konstant.
d) exponentiell   Der Wachstumsfaktor ist konstant.

Wichtig: Man kann dies mithilfe der Tabellen leicht entscheiden, da die Zunahme der x-Werte jeweils konstant ist.

10. *Moskitos*
Pro Monat reduziert sich die Anzahl m_i der Moskitos auf 98 % der Anzahl m_{i-1} des Vormonats: $m_i = 0{,}98\, m_{i-1}$
Gesucht wird die Anzahl x der Monate, für die gilt: $0{,}98^x = 0{,}5$ (Halbierung!)
Durch Probieren findet man: $34 < x < 35$
Die Anzahl der Moskitos hat sich nach etwa 35 Monaten halbiert.

11. *Eine Bakterienkolonie*
a) Schüleraktivität
b) $f(x) = 5 \cdot 2^x$ (f(x) in Millionen, x in 20 min)
(1) $f(9) = 2560$ (2) $f(13{,}5) = 57\,926$ (3) $f(18) = 1\,310\,720$ (4) $f(6{,}75) \approx 538{,}17$
c) 1 Tag: $f(72) = 236 \cdot 10^{20}$; 2 Tage: $f(144) = 1{,}1 \cdot 10^{44}$
Die Ergebnisse sind vollkommen unrealistisch, mindestens der Wert für zwei Tage.
(Hinweis: Physiker vermuten, dass die Anzahl der Atome im Weltall ca. 10^{50} ist.)

12. *Koffeinabbau*
a) Dem Diagramm entnimmt man folgende Werte:

Zeit (in h)	0	1	2	3	4	5
Koffeingehalt	100 %	75 %	57 %	42 %	31 %	24 %

Die Werte lassen die Vermutung zu, dass eine exponentielle Abnahme vorliegt.
b) Die stündliche Abnahme des Koffeins liegt bei 25 %: $f(t) = a \cdot 0{,}75^t$

13. *Alkoholabbau*

a)

Zeit (in h)	Alkohol im Blut
0	80
1	73
2	66
3	59
4	52
...	...
11	3
12	–4

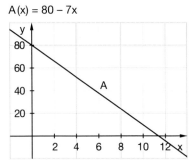

$A(x) = 80 - 7x$

Nach ca. 11,5 Stunden ist kein Alkohol mehr im Blut.

b) Der Alkoholabbau ist linear, also wird eine konstante Menge/Stunde abgebaut. Der Koffeinabbau ist dagegen exponentiell.

14. *Vitaminabbau*

a) $f(t) = 350 \cdot 0{,}82^t$ $f(2) \approx 235$ mg $f(8) \approx 72$ mg

b) $f(29) \approx 1{,}1$; $f(30) \approx 0{,}9$

Nach 30 Stunden ist weniger als 1 mg im Blut. Mathematisch gesehen ist immer noch ein Rest im Blut, weil $f(x)$ die x-Achse nicht schneidet, in der Realität wird aber irgendwann kein Vitamin im Blut mehr sein.

$f(100) \approx 0{,}00000084$

15. *Bevölkerungswachstum*

Land	Population 2004 in Mio.	Jährliches proz. Wachstum	Population im Jahr 2010	2025	2050
Frankreich	60	0,2	**60,72**	**62,57**	**65,78**
Deutschland	80	–0,1	**79,52**	**78,34**	**76,40**
Russland	144	–0,3	**141,43**	**135,20**	**125,41**
Madagaskar	15	3,0	**17,91**	**27,90**	**58,43**

Die Bevölkerungsentwicklung über einen Zeitraum von fast 50 Jahren ist kaum sinnvoll voraus zu berechnen, da sich das Verhalten der Menschen in einem so langen Zeitraum grundlegend ändern kann.

16. *Verschiedene Populationen*

	t = 0	Prozentuales Wachstum
a)	5 000 000	4 %
b)	90 000 000	–0,5 % (Abnahme)
c)	220 000 000	2,5 %
d)	990 000 000	1,5 %

17. *Schätzen und berechnen*
    a) Die Schätzung könnte bei etwa 25 Jahren liegen (25 · 4 % = 100 %).
    b) $f(t) = 5\,000\,000 \cdot 1{,}04^t$
       $f(t) = 10\,000\,000 \;\Rightarrow\; t \approx 18$
       Die Verdopplungszeit beträgt rund 18 Jahre:
       $f(18) \approx 5\,000\,000 \cdot 1{,}04^{18} \approx 10\,129\,000$
    c) Die tatsächliche Bevölkerungsgröße ist unerheblich. Es reicht zu berechnen, für welches t der Wachstumsfaktor $1{,}04^t = 2$ ist.
       $f(t) = f(0) \cdot a^x = 2 \cdot f(0) \;\Rightarrow\; a^x = 2$

18. *Zum Nachdenken*
    $f(t) = 1{,}01^t \;\Rightarrow\; f(10) \approx 1{,}1046$
    Die Wachstumsrate pro Dekade ist etwa 10,5 %.

19. *Passt ein exponentielles Modell?*

1965	1970	1975	1980	1985	1990	1995	2000
21,131	24,500	28,400	32,925	38,170	43,400	48,860	54,200

·1,159 → ·1,159 → ·1,159 → ·1,159 → ·1,137 → ·1,126 → ·1,109

Von 1965 bis 1985 liegt der Bevölkerungsentwicklung ein gleich bleibendes Wachstum von 15,9 % zugrunde.
Wachstumsfunktion: $f(t) = B \cdot 1{,}159^{\frac{t}{5}}$ (B = Bevölkerung zum Zeitpunkt t = 0)

Kopfübungen

1 a) 785 000   b) 0,00013

2 Gerade ($y = -3x + 2$)
   Punkte z. B. (1|−1); (0|2); (2|−4)

3 Zylinder: $V = G \cdot h$
   (h Höhe, G Grundfläche mit $G = \pi \cdot r^2$)

4 a) 70 %   b) 80 %

20. *Ein Kredit für ein Auto*
   a) $K(x) = 25\,000 \cdot 1{,}06^x$; $K(5) \approx 33\,456$
   Nach 5 Jahren beträgt der Kreditstand 33 456 €.
   b) Die Zinsen betragen 1500 € pro Jahr. Herr Schulte bezahlt aber nur 1200 € zurück, sodass er noch nicht einmal die Zinsen zurückzahlt, seine Schulden wachsen also noch.
   c)

	Kredit zu Beginn des Jahres	Kredit am Ende des Jahres	Schulden nach Rückzahlung
0	25 000	26 500	22 900
1	22 900	24 274	20 674
2	20 674	21 914	18 314
3	18 314	19 413	15 813
4	15 813	16 762	13 162
5	13 162	13 952	10 352
6	10 352	10 973	7373
7	7373	7815	4215
8	4215	4468	868
9	868	920	–2680

Nach 9 Jahren ist der Kredit abbezahlt.

21. *Das Märchen vom Reiskorn und dem Schachbrett*
   a) 64. Feld: $2^{63} = 9\,223\,372\,036\,854\,775\,808$ (ca. 9,2 Trilliarden)
   Gesamtzahl: $2^{64} - 1 \approx 1{,}84 \cdot 10^{19}$ Reiskörner
   Zu der Formel: Auf den ersten 63 Feldern liegen zusammen ein Reiskorn weniger als auf dem 64. Feld. Also sind es insgesamt $2 \cdot 2^{63} - 1 = 2^{64} - 1$ Reiskörner.
   b) 1 g entsprechen ca. 80 Reiskörnern, 1 kg also 80 000 Reiskörnern.
   1 Waggon: $66\,500 \cdot 80\,000 = 5{,}32 \cdot 10^9$
   Anzahl der Waggons: $\frac{1{,}84 \cdot 10^{19}}{5{,}32 \cdot 10^9} \approx 3\,458\,646\,617$
   Man benötigt ca. 3,5 Milliarden Waggons.
   Länge des Zuges: 56 000 000 km, das entspricht ungefähr 1400-mal um den Äquator.

2.2 Entdeckungen am Graphen der Exponentialfunktion

1. *Eine genaue Beschreibung des Beispiels*
Definitionsmenge: $\{x \mid x \in \mathbb{R}\}$ Wertemenge: $\{y \mid y > 0\}$
Keine Nullstelle; Schnittpunkt mit der y-Achse ist $(0 \mid 1)$.
Die x-Achse ist Asymptote; der Graph nähert sich für kleine x-Werte der x-Achse und wächst für große x-Werte unbeschränkt.

2. *Funktionenlabor 1*
a)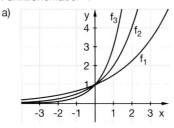

b) $f_1(x) = f_2(x) = f_3(x)$ gilt für $x = 0$
   $f_1(x) < f_2(x) < f_3(x)$ gilt für $x > 0$
   $f_1(x) > f_2(x) > f_3(x)$ gilt für $x < 0$

c) Je größer die Basis b, desto größer ist die Steigung des Funktionsgraphen.

3. *Funktionenlabor 2*

a)
x	2^x	$\left(\frac{1}{2}\right)^x$
−4	0,06	16,00
−3	0,13	8,00
−2	0,25	4,00
−1	0,50	2,00
0	1,00	1,00
1	2,00	0,50
2	4,00	0,25
3	8,00	0,13
4	16,00	0,06

b)
x	$\left(\frac{3}{2}\right)^x$	$\left(\frac{2}{3}\right)^x$
−4	0,20	5,06
−3	0,30	3,38
−2	0,44	2,25
−1	0,67	1,50
0	1,00	1,00
1	1,50	0,67
2	2,25	0,44
3	3,38	0,30
4	5,06	0,20

c)
x	$0,75^x$	$\left(\frac{4}{3}\right)^x$
−4	3,16	0,32
−3	2,37	0,42
−2	1,78	0,56
−1	1,33	0,75
0	1,00	1,00
1	0,75	1,33
2	0,56	1,78
3	0,42	2,37
4	0,32	3,16

Die Werte sind „symmetrisch" zum Wert für $x = 0$. Sind die beiden Basen zweier Exponentialfunktionen Reziproke, so sind die beiden Graphen symmetrisch zueinander mit der y-Achse als Symmetrieachse.

29

4. *Vergleich verschiedener Funktionstypen*
$f_2(x)$ und $g(x)$:
Beide Funktionen wachsen.
g liegt nur oberhalb der x-Achse
(Funktionswerte sind alle positiv).
$f_2(x)$ hat Nullstelle bei x = 0, g hat keine Nullstelle.
g schmiegt sich an x-Achse an, f_2 strebt gegen $-\infty$.

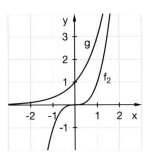

$f_1(x)$ und $f(x)$:
Die beiden Graphen haben denselben Definitionsbereich $\mathbb{R}$. Sie unterscheiden sich im Wertebereich, der für $f(x)$ alle positiven Zahlen umfasst, für $f_1(x)$ alle positiven Zahlen und die Zahl 0.
$f(x)$ hat die x-Achse als Asymptote, $f_1(x)$ hat keine Asymptote.
$f(x)$ wächst für alle $x \in \mathbb{R}$, $f_1(x)$ fällt für x < 0, hat ein Minimum bei x = 0 und wächst für x > 0.

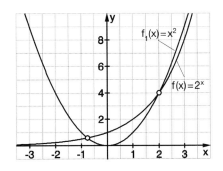

31

5. *Graphen und Terme zuordnen*
a) rot: $h(x) = 2{,}5^x$
    grün: $f(x) = 2^x$
    blau: $g(x) = 1{,}6^x$
b) Der Graph von $k(x) = 1{,}8^x$ liegt zwischen dem grünen und dem blauen Graphen.

6. *Wachsend oder fallend?*
Der Schnittpunkt mit der y-Achse ist bei allen vorgegebenen Graphen (0|1), da $b^0 = 1$ für alle $b \neq 0$.
a) wächst   b) fällt   c) wächst   d) fällt

7. *Graphen und Funktionen zuordnen*
(1) k(x)   (2) h(x)   (3) g(x)   (4) f(x)

8. *Senkung der Wachstumsrate um einen Prozentpunkt – macht das etwas aus?*
$f(x) = 1\,000\,000 \cdot 1{,}03^x$ $g(x) = 1\,000\,000 \cdot 1{,}02^x$

Anzahl der Jahre	10	50
Bevölkerung in Mio. nach f(x)	1,34	4,38
Bevölkerung in Mio. nach g(x)	1,22	2,69

Nach Absenkung der Wachstumsrate um 1 Prozentpunkt (das ist $\frac{1}{3}$!) ist die zu erwartende Bevölkerungszahl nach 50 Jahren um 39 % niedriger.

9. *Negative Basis?*
   (1) Wegen $1^x = 1$ ist f eine Parallele zur x-Achse, also eine Gerade und keine Exponentialfunktion.
   (2) Beispiel: Für $(-2)^x$ mit $x = \frac{1}{2}$ ist $(-2)^{\frac{1}{2}} = \sqrt{-2}$ nicht definiert. Für $b = 0$ ist 0^x für $x = 0$ nicht definiert. Da man aus negativen Zahlen keine Wurzeln ziehen kann, kann die Funktion für $b < 0$ nur für ganzzahlige Werte von x definiert werden.

x	0	$\frac{1}{2}$	$\frac{1}{3}$	1	2	3	4
$y = (-2)^x$	1	nicht def.	nicht def.	-2	4	-8	16

10. *Ein Funktionenzoo*

Funktion	Art
f	exponential
g	quadratisch
h	linear
k	antiproportional
m	linear
n	exponential
p	quadratisch
q	linear

11. *Funktionenlabor – Parameter bewegen Funktionen*
    a) I) $f_1(x)$ Verschiebung um 1 nach oben
           $f_2(x)$ Verschiebung um 3 nach oben
           $f_3(x)$ Verschiebung um 4 nach unten

       II) $f_1(x)$ Streckung mit dem Faktor 3
           $f_2(x)$ Streckung mit dem Faktor 3 und Spiegelung an der x-Achse
           $f_3(x)$ Stauchung mit dem Faktor 0,5 und Spiegelung an der x-Achse

       III) $f_1(x)$ Streckung mit dem Faktor 3 und Verschiebung um 1 nach oben
            $f_2(x)$ Streckung mit dem Faktor 3, Spiegelung an der x-Achse und Verschiebung um 4 nach unten
            $f_3(x)$ Stauchung mit dem Faktor 0,5 und Verschiebung um 4 nach oben

32

11. b)

I)

	Schnittpunkt mit y-Achse	Asymptote	Wertemenge
$f_1(x)$	(0|2)	y = 1	{y|y > 1}
$f_2(x)$	(0|4)	y = 3	{y|y > 3}
$f_3(x)$	(0|-3)	y = -4	{y|y > -4}

II)

	Schnittpunkt mit y-Achse	Asymptote	Wertemenge
$f_1(x)$	(0|3)	y = 0	{y|y > 0}
$f_2(x)$	(0|-3)	y = 0	{y|y < 0}
$f_3(x)$	(0|-0,5)	y = 0	{y|y < 0}

III)

	Schnittpunkt mit y-Achse	Asymptote	Wertemenge
$f_1(x)$	(0|4)	y = 1	{y|y > 1}
$f_2(x)$	(0|-7)	y = -4	{y|y < -4}
$f_3(x)$	(0|4,5)	y = 4	{y|y > 4}

33

12. Graphen skizzieren

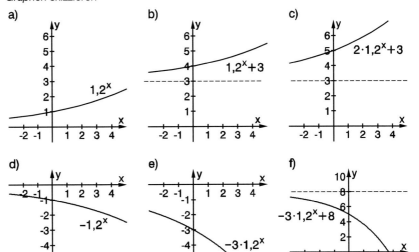

13. Wertemenge, Asymptote und Steigungsverhalten bei Transformationen

	Wertemenge	Schnittpunkt	Asymptote	Steigungsverhalten b > 1	Steigungsverhalten 0 < b < 1
a) a > 1	{y|y > 0}	(0|a)	y = 0	wächst stärker	fällt stärker
0 < a < 1	{y|y > 0}	(0|a)	y = 0	wächst schwächer	fällt schwächer
b)	{y|y > d}	(0|1 + d)	y = d	unverändert	unverändert
c)	{y|y < 0}	(0|-1)	y = 0	fällt	wächst
d)	{y|y < 0}	(0|a)	y = 0	fällt stärker	wächst stärker

14. *Funktionsgleichungen bestimmen*
    f(x) = 6 · 1,2^x g(x) = –3 · 0,8^x + 5
    h(x) = 50 · 0,9^x + 20   k(x) = 15 · 0,8^x – 10

15. *Abbau eines Medikamentes*
    Funktion (2) könnte den Abbau eines Medikamentes modellieren.
    Funktion (1) stellt eine Wachstumsfunktion dar, kann also nicht den Abbau eines Medikamentes darstellen.
    Funktion (3) geht von einem Anfangswert größer 0 für t = 0 aus, der ja vor der Einnahme des Medikamentes in der Regel nicht möglich ist.

16. *Ein kaltes Getränk*
    a) Die Ausgangstemperatur des Getränkes beträgt 10 °C, die Umgebungstemperatur 30 °C. Über einen Zeitraum von wenigen Minuten nähert sich die Temperatur des Getränkes der Außentemperatur an.
    b) Modellierung: f(x) = –20 · 0,75^x + 30

17. *Exponentialgleichungen*
    a) (1) x = 3   (2) x = –2   (3) x = 0   (4) x = 4   (5) x = –3
    b) Gleichung: 2^x = 5; x ≈ 2,32
    c) (1) 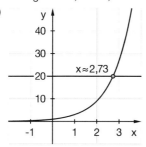   (2)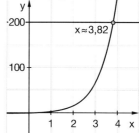

    (3) 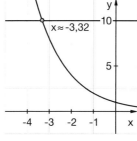   (4) Keine Lösung, weil 10^x ≠ 0.

17. Fortsetzung
c) (5)

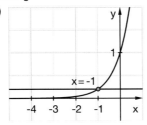

(6) Keine Lösung, weil $3^x > 0$ für alle x.

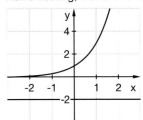

$x = -1$ ist exakte Lösung, weil
$5^{-1} = \frac{1}{5} = 0{,}2$.

18. Von der Exponentialgleichung zur logarithmischen Form
a) $\log_3 81 = 4$
b) $\log_4 16 = 2$
c) $\log_2 \frac{1}{8} = -3$
d) $\log_{25} 5 = \frac{1}{2}$
e) $\log_{\frac{1}{6}} 36 = -2$
f) $\log_{32} 2 = \frac{1}{5}$

19. Von der logarithmischen Form zur Exponentialgleichung
a) $3^2 = 9$
b) $5^4 = 625$
c) $6^3 = 216$
d) $5^{-1} = 0{,}2$
e) $2^{\frac{1}{3}} = \sqrt[3]{2}$
f) $7^2 = 49$

20. Training: Exponentialgleichung
(1) $x = 5$
(2) $x = \log_5 30$
(3) $x = 4$
(4) keine Lösung, weil $8^x > 0$
(5) $x = 0$
(6) $x = 4$
(7) $x = \log_2 0{,}01 = 0{,}01455$
(8) $x = -1$
(9) Ansatz: $x + 3 = 2x \Rightarrow x = 3$
(10) $\left(\frac{1}{3}\right)^x = (3^{-1})^x = 3^{-x}$: alle x sind Lösung.

21. Heuschrecken
a) Wachstumsmodell: $f(t) = 100 \cdot 1{,}12^t$ (t in Tagen)
$100 \cdot 1{,}12^t = 50\,000 \Rightarrow t \approx 54{,}8$
In rund 55 Tagen wächst die Population auf 50 000 Heuschrecken an.
b) $f(192) = 281\,747\,682\,634$; $f(193) = 315\,557\,404\,551$
Nach ewas mehr als einem halben Jahr wäre der Schwarm so groß wie der aus dem Jahr 1784.

22. Eigenschaften und Wachstum der Logarithmusfunktion
a)

	Definitionsmenge	Wertemenge	Asymptoten	Schnitt mit y-Achse	Schnitt mit x-Achse
$y = 10^x$	$\mathbb{R}$	$\mathbb{R}^+$ (y > 0)	x-Achse	(0|1)	kein Schnittpunkt
$y = \log x$	$\mathbb{R}^+$ (x > 0)	$\mathbb{R}$	y-Achse	kein Schnittpunkt	(0|1)

22. b) $\log(10^{10}) = 10$; für $x > 10^{10}$ ist $\log x > 10$.
Länge der x-Achse: 10^{10} cm $= 10^8$ m $= 10^5$ km $= 100\,000$ km
c) $x = 10^{11} + 1 = 100\,000\,000\,001$
Für $x > 10^{\text{ausgedachte Zahl}}$ wird der Funktionswert größer als die ausgedachte Zahl.

Kopfübungen

1 $0{,}9 > 0{,}11 > \frac{1}{10} > \frac{10}{110}$

2 a) keine Schnittpunkte, da f und g parallel, aber nicht identisch sind (Steigung gleich, y-Achsenabschnitt verschieden)
b) zwei Schnittpunkte, da f eine nach oben geöffnete Parabel durch den Ursprung ist und g eine Gerade im positiven y-Bereich parallel zur x-Achse

3 z. B.: 2 cm x 2 cm oder 1 cm x 3 cm

4 $p = \frac{2}{5} \cdot \frac{2}{5} = \frac{4}{25} = 16\,\%$

23. *Ein „Minus" vor dem x im Exponenten*
a)
b) Die Graphen von f(x) und g(x) sind symmetrisch zueinander mit der y-Achse als Symmetrieachse.
c) Die Basen der beiden Exponentialfunktionen sind zueinander reziprok, da $b^{-x} = (b^{-1})^x = \frac{1}{b^x}$.

24. *Ein Faktor vor dem x im Exponenten*
a)

x	f(x) = 2^x	g(x) = 2^{2x}
–3	0,125	0,0156
–2	0,250	0,0625
–1	0,500	0,2500
0	1,000	1,0000
1	2,000	4,0000
2	4,000	16,0000
3	8,000	64,0000

$g(x) = 2^{2x} = (2^2)^x = 4^x$
Im Funktionsterm von g(x) ist die Basis das Doppelte der Basis im Funktionsterm von f(x). Das bedeutet, der Graph von g(x) hat die gleichen Eigenschaften wie der von f(x), steigt jedoch stärker an.

b) $f(x) = 2^{rx} = (2^r)^x$ ($r \neq 0$, da f(x) für die Basis $2^0 = 1$ nicht definiert ist.)
Der Faktor r potenziert die Basis b, er verändert also die Basis der Potenzfunktion. Damit hat r Einfluss auf das Wachstumsverhalten des Graphen.
$r > 1$ Die Basis wird größer, der Graph wächst stärker.
$0 < r < 1$ Die Basis wird kleiner, der Graph wächst schwächer.
$r < 0$ Der Graph wird an der y-Achse gespiegelt und ist somit fallend.

25. Intervallschachtelung 1

a) $\quad 1 < \sqrt{3} < 2$
$\quad 1{,}7 < \sqrt{3} < 1{,}8$
$\quad 1{,}73 < \sqrt{3} < 1{,}74$
$\quad 1{,}732 < \sqrt{3} < 1{,}733$
...

b) $10^1 = 10 < 10^{\sqrt{3}} < 10^2 = 100$
$\quad 10^{1{,}7} \approx 50{,}1187 < 10^{\sqrt{3}} < 10^{1{,}8} \approx 63{,}0957$
$\quad 10^{1{,}73} \approx 53{,}7032 < 10^{\sqrt{3}} < 10^{1{,}74} \approx 54{,}9541$
$\quad 10^{1{,}732} \approx 53{,}9511 < 10^{\sqrt{3}} < 10^{1{,}733} \approx 54{,}0754$
...

c) $\sqrt{a^b} = \left(a^{\frac{1}{2}}\right)^b = a^{\frac{1}{2}b}$

26. Intervallschachtelung 2

a) Es handelt sich um eine Folge von Intervallen, wobei jedes Intervall innerhalb des vorhergehenden Intervalls enthalten ist (Schachtelung). Die Länge der Intervalle wird jeweils kleiner und kann bei Fortsetzung der Schachtelung beliebig klein werden. Innerhalb jeden Intervalls liegt eine Zahl, die durch die Schachtelung eindeutig bestimmt wird. Im Beispiel ist es die Zahl $\log_2 10$.

b) $\quad 2 \quad\quad\quad\quad < \log_5 30 < 3$
$\quad 2{,}1 \quad\quad\quad\; < \log_5 30 < 2{,}2$
$\quad 2{,}11 \quad\quad\;\; < \log_5 30 < 2{,}12$
$\quad 2{,}113 \quad\quad\, < \log_5 30 < 2{,}114$
$\quad 2{,}1132 \quad\;\, < \log_5 30 < 2{,}1133$
$\quad 2{,}11328 < \log_5 30 < 2{,}11329 \quad \Rightarrow \quad \log_5 30 \approx 2{,}1133$

27. Wie vergleicht man Lautstärken?

a) Der x-Wert muss mit dem Faktor 10 multipliziert werden.
b) Wenn sich die Lautstärke um 20 dB erhöht, verhundertfacht sich die Intensität des Lärms.

2.3 Modellieren mit Exponentialfunktionen

1. Altersbestimmung

a)

Anzahl	0	1	2	3
Jahre	0	5700	11400	17100
Anteil	1,0000	0,5000	0,2500	0,1250

Anzahl	4	5	6	7
Jahre	22800	28500	34200	39900
Anteil	0,0625	0,0313	0,0156	0,0078

Das Fossil ist zwischen 17100 und 22800 Jahre, etwa 19000 Jahre alt.

b) $f(n) = 0{,}5^n$ (n: Halbwertsperioden) $\quad f(t) = 0{,}5^{\frac{t}{5700}}$ (t in Jahren)

c) Das Ablesen am Graphen wird zu unterschiedlichen Ergebnissen führen.
Information: Errechneter Wert für $f(t) = 0{,}1$ ist 18935 Jahre.
$\quad\quad\quad\quad\quad\;\,$ Errechneter Wert für $f(t) = 0{,}375$ ist 8066 Jahre.

2. *Staatsverschuldung*
(A) a = 10: $\frac{536}{387} \approx 1{,}385 = b^5 \Rightarrow b \approx 1{,}067$

$\frac{129}{63} \approx 2{,}047 = b^5 \Rightarrow b \approx 1{,}154$

$\frac{1481}{1325} \approx 1{,}118 = b^5 \Rightarrow b \approx 1{,}022$

$\Rightarrow \frac{1}{3}(1{,}067 + 1{,}154 + 1{,}022) \approx 1{,}081$
$f_1(x) = 10 \cdot 1{,}081^x = 10 \cdot e^{\ln(1{,}081)x} = 10 \cdot e^{0{,}077x}$

(B) Exponentielle Regression: $f_2(x) = 11{,}96 \cdot 1{,}097^x = 11{,}96 \cdot e^{0{,}0926x}$

(C) $(0|10)$: $10 = a \cdot e^{k \cdot 0} = a$

(1) $(40|536)$: $536 = 10 \cdot e^{40k} \Rightarrow k = \frac{1}{40}\ln(53{,}6) \approx 0{,}099$

(2) $(56|1481)$: $1481 = 10 \cdot e^{56k} \Rightarrow k = \frac{1}{56}\ln(148{,}1) \approx 0{,}089$

$f_3(x) = 10 \cdot e^{0{,}094x}$ ((1), (2) gemittelt)

Prognosen:
Extrem stark streuende Prognosen trotz guter Datenpassung aller Modelle

	2015	2030
$f(x) = 10 \cdot e^{0{,}077x}$	1492	4734
$f(x) = 11{,}96 \cdot e^{0{,}0926x}$	4918	19724
$f(x) = 10 \cdot e^{0{,}094x}$	4503	18446

3. *Aus der Medizin*
a) $a = 0{,}3 \quad m(t) = 0{,}3 \cdot b^3 = 0{,}246 \Rightarrow b \approx 0{,}936$
$m(t) = 0{,}3 \cdot 0{,}936^t$
Abbau des Farbstoffes pro Minute: 6,4 %
b) $m(10) \approx 0{,}155$
Nach 10 Minuten sind noch etwa 0,155 mg Farbstoff vorhanden.

4. *Verschiedene Modelle – unterschiedliche Prognosen*
a) $c(t) = a \cdot b^t$ (t in Stunden)
Der Aufgabenstellung entnimmt man:
$c(5) = a \cdot b^5 = 4{,}2$
$c(8) = a \cdot b^8 = 2{,}9$ $\Rightarrow \frac{a \cdot b^8}{a \cdot b^5} = \frac{2{,}9}{4{,}2} \Rightarrow b^3 \approx 0{,}69 \Rightarrow b \approx 0{,}88$
$a \cdot 0{,}88^5 = 4{,}2 \Rightarrow a \approx 7{,}96 \Rightarrow c(t) = 7{,}96 \cdot 0{,}88^t$

b) Lineares Modell:
$a = \frac{135 - 45}{8 - 3} = 18$; $45 = 18 \cdot 3 + b \Rightarrow b = -9$
$g(x) = 18x - 9$; $g(21) = 369$; nach 21 Tagen sind es ca. 370 Fliegen.

Quadratisches Modell:
I $9a + b = 45$ $\Rightarrow$ $a = \frac{18}{11} \approx 1{,}6363$
II $64a + b = 135$ $\quad b = \frac{333}{11} \approx 30{,}2727$

$h(x) = 1{,}63x^2 + 30{,}2727$
$h(21) \approx 724{,}63$; nach 21 Tagen sind es ca. 725 Fliegen.

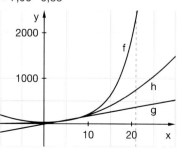

5. *Exponentielles Modell durch zwei Punkte*
$f(x) = a \cdot b^x$
a) $a = 2$
$b = 3$
$f(x) = 2 \cdot 3^x$

b) $a \approx 5{,}52$
$b \approx 1{,}11$
$f(x) = 5{,}52 \cdot 1{,}11^x$

c) $a \approx 73{,}48$
$b \approx 0{,}80$
$f(x) = 73{,}48 \cdot 0{,}80^x$

6. *Wertverlust eines Autos*
$f(t) = a \cdot b^t$ (t in Jahren)
$f(4) = a \cdot b^4 = 15\,000$
$f(6) = a \cdot b^6 = 11\,600$ $\Rightarrow$ $\frac{a \cdot b^6}{a \cdot b^4} = \frac{11\,600}{15\,000}$ $\Rightarrow$ $b^2 \approx 0{,}773$ $\Rightarrow$ $b \approx 0{,}88$
$a \cdot 0{,}88^4 = 15\,000$ $\Rightarrow$ $a \approx 25\,082$ $\Rightarrow$ $f(t) = 25\,082 \cdot 0{,}88^t$
Das Auto kostete rund 25 000 €. Der Wertverlust pro Jahr lag bei 12 %.

7. *Eine Zahlung in zehn Jahren*
$f(t) = a \cdot b^t$ (t in Jahren)
$f(10) = a \cdot 1{,}062^{10} = 560\,000$ $\Rightarrow$ $a \approx 306\,861{,}82$ €
Die Firma sollte jetzt rund 307 000 € anlegen.

8. *Jährlicher Wertzuwachs*
a) $80\,000 \cdot b^6 = 105\,000$ $\Rightarrow$ $b^6 = 1{,}3125$ $\Rightarrow$ $b \approx 1{,}0464$
Die Investition hat sich mit rund 4,64 % verzinst.
b) $180\,000 \cdot b^{10} = 250\,000$ $\Rightarrow$ $b^{10} \approx 1{,}3889$ $\Rightarrow$ $b \approx 1{,}0334$
Das Haus hat sich mit rund 3,34 % verzinst.

9. *Zunahme des Gewichtes nach der Geburt*
a) Exponentielles Modell: $f(t) = 150 \cdot 2^{\frac{t}{10}}$ (t in Tagen)
$g(t) = 15\,t + 150$ (t in Tagen)

Zeit (in Tagen)	0	10	3	5	20	150
Gewicht (in g) nach f(t)	150	300	185	212	600	s. u.
Gewicht (in g) nach g(t)	150	300	195	225	450	2400

$f(150)$ führt zum Ergebnis 4,9 t.
b) Da sowohl ein exponentielles wie auch ein lineares Wachstum unbegrenzt wächst, können beide Modelle nicht tauglich sein, da die Katze nach etwa 8 Monaten mit einem Gewicht von 3 kg bis 4,5 kg ausgewachsen ist.

10. *Hundewelpen*
Es gibt verschiedene Ansätze zur Bestimmung des exponentiellen Modells:
(1) Die Quotienten aufeinanderfolgender Messwerte sind ungefähr 1,2, also:
$f_1(x) = 0{,}5 \cdot 1{,}2^x$
(2) Zwei Messpunkte: (0|0,5); (6|1,5)
$1{,}5 = 0{,}5 \cdot b^6$; grafische Lösung: $b \approx 1{,}2$
$f_2(x) = f_1(x)$
(3) Exponentielle Regression:
$f_3(x) = 0{,}5023 \cdot 1{,}2014^x$

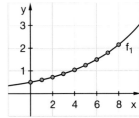

11. Eine Insektenpopulation

a) Quotienten $\frac{f(x+1)}{f(x)}$:

$\frac{82}{15} = 1{,}64$; $\frac{140}{82} \approx 1{,}71$; $\frac{218}{140} \approx 1{,}56$; $\frac{350}{218} \approx 1{,}61$

Die Quotienten sind ungefähr konstant:
$I_1(x) = 50 \cdot 1{,}6^x$; $I_2(x) = 50 \cdot 1{,}63^x$

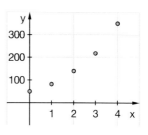

Prognosen:

Wochen	6	8	10
I_1	839	2147	5498
I_2	938	2492	6620

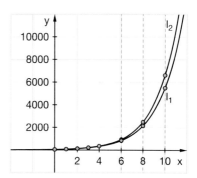

b) Je weiter die Prognose in die Zukunft reicht, desto größer werden die Unterschiede bei den prognostizierten Anzahlen.

c) • Der Wachstumsfaktor ist eine Art von Mittelwert.
   • Es muss sich nicht um ein exponentielles Wachstum handeln, dies ist hier nur ein gut passender Modelltyp.

12. Windkraftanlagen

a) Die kumulierte Leistung ist die aufsummierte Leistung der jährlichen Installationen. Damit sind die „blauen Balken" die Ableitung der roten Kurve. Nach Augenmaß passt zu beiden („installiert", „kumuliert") derselbe Funktionstyp. f und f' stimmen vom Typ her bei Exponentialfunktionen überein.

Installierte Leistung:

Jahr	bis 1990	1991–1992	1993–1994	1995–1996	1997–1998	1999–2000	2001–2002
Leistung (in MW)	55	118	445	928	1325	3233	5890

Mittelwert der Quotienten: $\frac{1}{6}\left(\frac{118}{55} + \frac{445}{118} + \frac{928}{445} + \frac{1325}{928} + \frac{3233}{1325} + \frac{5890}{3233}\right) = 2{,}28$

$\Rightarrow b^2 = 2{,}28 \Rightarrow b \approx 1{,}5$
$\Rightarrow \ln(1{,}5) \approx 0{,}4 \Rightarrow f_1(x) = 55 \cdot e^{0{,}4x}$

Kumulierte Leistung:
A = 55; Wahl eines Messwertes: (10 | 6104)

$\Rightarrow 6104 = 55 \cdot e^{10k} \Rightarrow k = \frac{1}{10}\ln\left(\frac{6104}{55}\right) \approx 0{,}47$
$\Rightarrow f_2(x) = 55 \cdot e^{0{,}47x}$

Anmerkung: $f_2'(x) = 25{,}85 \cdot e^{0{,}47x}$ passt tatsächlich auch gut zu den jährlichen Installationen.

12. b) Prognosen (2009): $f_1(19) = 109\,900$
    $f_2(19) = 415\,539$ } Die Prognosen sind wohl absurd.

13. *Halbwertszeit*
    a)

Anzahl der „Halbwertszeiten"	0	1	2	3
Anzahl t der Jahre	0	1620	**3240**	**4860**
Menge m(t) des Radiums nach t Jahren	30 g	15 g	**7,5 g**	**3,75 g**

    b) $f(t) = 30 \cdot 0{,}5^{\frac{t}{1620}}$
    c) $f(400) \approx 25{,}28$ Nach 400 Jahren sind noch 25,28 g übrig.

14. *Verdopplungszeit*
    a) Funktionsgleichung für die Entwicklung der Bevölkerungszahl:
    $z(t) = 127 \cdot 1{,}02^t$
    $z(50) \approx 342$
    Die Verdoppelung erfolgt schneller als in den vermuteten 50 Jahren. Das liegt am exponentiellen Wachstum.
    b) Dem Schaubild kann man als Verdopplungszeit etwa 35 Jahre entnehmen.
    $Z(35) \approx 253{,}986$
    Die Bevölkerung verdoppelt sich also in 35 Jahren, wenn man gleichbleibendes Wachstum über diesen langen Zeitraum voraussetzt.
    c) $z(t) = 127 \cdot 1{,}015^t \Rightarrow z(t) \approx 254 \Rightarrow t \approx 46{,}5$ Jahre

Kopfübungen

1 13,25

2 $y = 0{,}8x - 189$

3 Flächen: 8; Ecken: 6; Kanten: 12

4 Leo $\left(\text{seine Gewinnchance beträgt } \frac{3}{6}, \text{ bei Theo nur } \frac{2}{6}\right)$

15. *Abbau eines Medikamentes*
    a) $f(t) = 10 \cdot 0{,}5^{\frac{t}{3}} \geq 1{,}5$
    Am Graphen liest man ab, dass nach etwa 8,2 Stunden das Medikament erneut verabreicht werden muss: $f(8{,}2) \approx 1{,}504$
    b) Das Medikament muss in genau bestimmten Abständen eingenommen werden, damit es die minimal wirksame Konzentration im Blut nicht unterschreitet. Ansonsten können sich medikamentenresistente Bakterienstämme entwickeln.

16. *Infusion*
   a) Der Graph steigt zunächst stark an, das Medikament wird durch die stetige Infusion im Blut aufgebaut. Mit zunehmender Konzentration setzt die Evasion verstärkt ein, der Graph zeigt das durch eine langsame Abflachung. Da sich Invasion und Evasion nach einiger Zeit gegenseitig neutralisieren, wächst der Graph nicht über eine bestimmte Schranke hinaus; diese Schranke ist Asymptote des Graphen.
   b)

Zeit t (in h)	Konzentration c (in $\frac{mg}{\ell}$)
0	0,0000
1	2,2000
2	3,9600
3	5,3680
4	6,4944
5	7,3955
6	8,1164
7	8,6931
8	9,1545
9	9,5236
10	9,8189
11	10,0551
12	10,2441

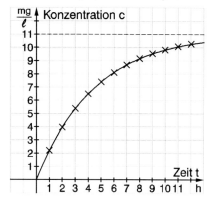

   c) Für große Werte t geht $0,8^t$ gegen 0; dann geht c(t) gegen 11. Die Konzentration bleibt somit kleiner als 11 $\frac{mg}{\ell}$.
   d) Am Graphen kann man ablesen: Bei etwa t ≈ 3,5 Stunden setzt die Wirkung des Medikamentes ein.

17. *Tod im Kühlhaus*
   a) T(0) = 37 °C;   Asymptote: y = 5
   b) Man stellt eine Gleichung mit der zum Zeitpunkt t gemessenen Temperatur auf, und eine zweite Gleichung mit der eine Stunde später gemessenen Temperatur. Dividiert man die letzte Gleichung durch die erste, so erhält man den Wert für b:
   $$\frac{T(t+1)}{T(t)} = T(1) = b^1 = b$$

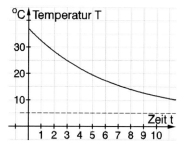

   c) T(t) = 32 · $0,853^t$ + 5 = 28,2
   Mithilfe des Graphen und durch Probieren findet man: t ≈ 2
   Das Opfer wurde etwa 2 Stunden vor der ersten Messung der Körpertemperatur umgebracht.

18. *Modellieren der Entwicklung der Weltbevölkerung*

a)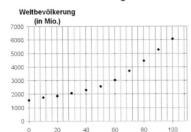

b) Exponentielle Regressionskurve mithilfe einer Tabellenkalkulation:
$f(x) = 1418 \cdot e^{0{,}0139 \cdot x}$

c) 2010: $f(110) = 1418 \cdot e^{0{,}0139 \cdot 110} = 1418 \cdot e^{1{,}529} \approx 6541$
2050: $f(150) = 1418 \cdot e^{0{,}0139 \cdot 150} = 1418 \cdot e^{2{,}085} \approx 11\,405$

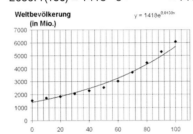

Die Regressionskurve erfasst die Werte um 1900 und um 1970 recht genau; zwischen diesen Jahren liegt sie oberhalb, später unterhalb der tatsächlichen Werte.

d) 1,55 → 3,1: ca. 60 Jahre
1,85 → 3,7: ca. 50 Jahre
3,04 → 6,08: 40 Jahre

Die Weltbevölkerung wächst stärker als exponentiell, weil mit wachsender Bevölkerung die Verdopplungszeiten immer kleiner werden.

19. *Selbstreinigungsmodell*

a) Das Modell passt zu den Annahmen des Wissenschaftlers. Das kann man sich an folgendem Schema klar machen:

	Düngemittel-Einleitung	Düngemittel insgesamt im See	Eine Hälfte wird abgebaut, eine Hälfte bleibt.
1. Jahr	40	40	$20 = 40 - 40 \cdot 0{,}5^1$
2. Jahr	40	20 + 40 = 60	$30 = 40 - 40 \cdot 0{,}5^2$
3. Jahr	40	30 + 40 = 70	$35 = 40 - 40 \cdot 0{,}5^3$
4. Jahr	40	35 + 40 = 75	$37{,}5 = 40 - 40 \cdot 0{,}5^4$
			usw. (Die Formel passt.)

b) Das Modell passt zwar zu dem, was der Wissenschaftler als Annahmen formuliert, es beweist jedoch nicht die Richtigkeit der Annahmen. Die Annahmen sollten zunächst zum Beispiel durch Experimente und Messungen verifiziert werden.

20. *Ein hüpfender Ball*
  a) Schüleraktivität.
  b) Dem Foto kann man etwa die folgenden Werte entnehmen. Dabei wird die erste Höhe als Ausgangshöhe für s = 0 eingetragen.

Hochspringen s	0	1	2	3	4
Höhe h (in cm)	40	22	13	7,5	4

Ansatz: $h(s) = a \cdot b^s \Rightarrow h(0) = a = 40 \Rightarrow h(s) = 40 \cdot b^s$

Setzt man nun in die Funktionsgleichung für s nacheinander 1, 2, 3 und 4 ein, so kann man jeweils b ausrechnen. Man erhält für b die Näherungswerte 0,550; 0,570; 0,572 bzw. 0,562.
Eine brauchbare Regressionskurve ist somit etwa $h(s) = 40 \cdot 0{,}565^s$.

Hinweis: GTR und Tabellenkalkulation ermöglichen eine automatische Berechnung einer exponentiellen Regression.

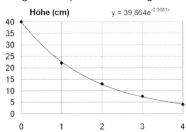

Exponentielle Regressionskurve („Trendlinie") mithilfe einer Tabellenkalkulation:
$h(s) = 39{,}864 \cdot e^{-0{,}5681 \cdot s}$

Kapitel 3
Sinusfunktionen

Didaktische Hinweise

In diesem Kapitel wird exemplarisch mit der Sinusfunktion die letzte grundlegende Funktionenklasse eingeführt, klassifiziert und zum Modellieren benutzt.

Im ersten Lernabschnitt **3.1 „Sinusfunktionen und ihre Graphen"** werden nach einer Wiederholung der bekannten Winkelfunktionen am rechtwinkligen Dreieck in einer Einführungsaufgabe die Sinusfunktion als reelle Funktion (Winkel im Bogenmaß) eingeführt und das Vorkommen periodischer Prozesse im Alltag aufgezeigt. Die Kosinusfunktion wird fakultativ in einem gelben Kasten eingeführt, einfache trigonometrische Gleichungen gelöst. Mithilfe des vertrauten „Funktionenlabors" wird der Einfluss der Parameter von $f(x) = a \cdot \sin(b(x - c)) + d$ auf die Funktionsgraphen selbstständig erarbeitet und systematisch dargestellt. Ein Projekt zum Erleben des Zusammenhangs von Kreisbewegungen und Sinusfunktionen bildet zusammen mit der Aufklärung eines häufig beobachtbaren Phänomens (Alias-Effekt) ein abschließendes Angebot.

Im zweiten Lernabschnitt **3.2 „Modellieren periodischer Vorgänge"** wird das Modellieren am Beipiel periodischer Prozesse vertieft und vielfältig geübt. Im Basiswissen wird dazu nochmals der Modellierungsprozess mit seinen verschiedenen Phasen herausgestellt. Die zweite grüne Ebene macht ein fakultatives Angebot zur inneren Differenzierung. „Kurven in Parameterdarstellung" nutzt die durch die grafischen Taschenrechner oder entsprechende Computersoftware gegebenen Möglichkeiten der Darstellung von Kurven in Parameterdarstellung mit trigonometrischen Funktionen. Dies ermöglicht in besonderem Maße das aktive Entdecken sowohl in spielerischen Aktivitäten als auch in komplexeren Modellierungen. Mit der Erzeugung von Ellipsen, Spiralen, Zykloiden und Lissajous-Figuren werden auch die geometrischen Kenntnisse erweitert und die übergreifenden Fähigkeiten zur Mustererkennung trainiert. Dieser Abschnitt bietet zahlreiche Möglichkeiten für die Vergabe von Referaten oder die Erstellung eigener Ausarbeitungen („Facharbeiten") oder freiwilliger Projekte.

Lösungen

3.1 Sinusfunktionen und ihre Graphen

1. *Das können Sie noch!*
   Winkelsumme im inneren Fünfeck beträgt 540°
   $\Rightarrow \alpha = 540 : 5 = 108°$.
   Nebenwinkel von α ist $\delta = 72°$.
   δ ist Basiswinkel im gleichschenkligen Dreieck mit der Basis b und den Schenkeln a. Scheitelwinkel ist hier $\gamma = 36°$.
   Es ist jetzt
   $\frac{h}{s} = \cos\left(\frac{\gamma}{2}\right)$
   $\Rightarrow$ h = 8 · cos(18°) = 7,608.
   $\frac{\frac{d}{2}}{a} = \sin\left(\frac{\gamma}{2}\right)$
   $\Rightarrow \frac{d}{2} = 8 \cdot \sin(18°) = 2{,}472$
   $\Rightarrow$ d = 4,944 m

   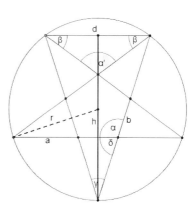

   Scheitelwinkel $\alpha' = 108°$
   $\frac{\frac{d}{2}}{a} = \sin\left(\frac{\alpha'}{2}\right) \Rightarrow 2{,}472 = a \cdot \sin(54°) \Rightarrow a = \frac{2{,}472}{0{,}809} = 3{,}056 \text{ m}$
   b = 8 − 2 · 3,056 = 1,888

2. *Die Sinusfunktion für beliebige Winkel*
   180° < α < 360°: Die auf der Scheibe abgelesenen Punkte haben negative y-Werte, die Sinusfunktion verläuft also im negativen Bereich.
   Man liest ab: sin(α) = −sin(α − 180°)

α	0°	30°	45°	60°	90°	120°	135°	150°	180°
sin(α)	0	0,5	0,707	0,866	1	**0,866**	**0,707**	0,5	**0**

α	210°	225°	240°	270°	300°	315°	330°	360°
sin(α)	**−0,5**	−0,707	**−0,866**	−1	−0,866	**−0,707**	**−0,5**	0

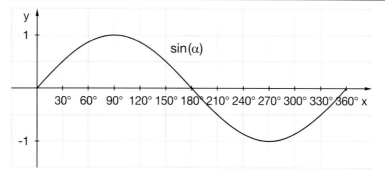

3. *Winkelmaß und Bogenmaß*
Im Bogenmaß gilt:
$\sin(0{,}5236) \approx 0{,}5$ $\qquad\qquad\qquad$ $\sin(1{,}047) \approx 0{,}8660$

$\sin\left(\dfrac{\pi}{2}\right) = 1$

4. *Ein Sessellift*
a)
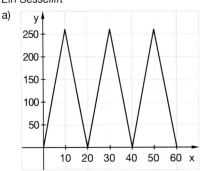

b) (1)
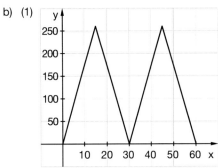
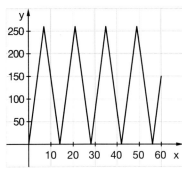

(2)
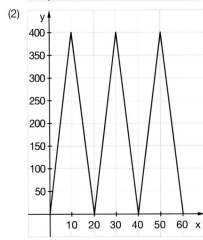
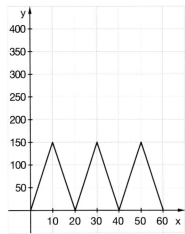

5. *Autorennen*
   a)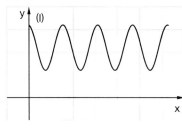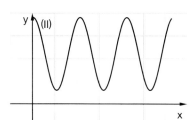

   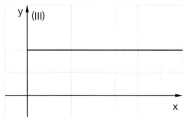

   b) Es folgen Verschiebungen in x-Richtung.

6. *Vorzeichen?*
   Positive Vorzeichen haben Sinuswerte für 72° und 125°. Für alle anderen Winkel sind die Sinuswerte negativ.

7. *Verschiedene Winkel – gleicher Sinuswert*
   a) sin(54°) = sin(126°) = sin(414°) = sin(486°) = sin(–234°)
   b) Gleiche Sinuswerte haben:
   I) 15°; –345°   II) 45°; 405°; –675°   III) 315°; 1035°
   IV) 390°; –330° V) –15°; 345°

8. *Gleichungen*
   a) (1) $\alpha = 0°$; $\alpha = 180°$; $\alpha = 360°$ (2) $\alpha = 210°$; $\alpha = 330°$;
   (3) $\alpha \approx 235{,}79°$; $\alpha \approx 304{,}21°$ (4) $\alpha \approx 236{,}62°$; $\alpha \approx 303{,}38°$
   b) (1) $\alpha \approx 54{,}19°$; $\alpha \approx 125{,}81°$ (2) keine Lösung
   (3) $\alpha \approx 23{,}27°$; $\alpha \approx 156{,}73°$ (4) $\alpha \approx -26{,}87°$; $\alpha \approx -153{,}13°$

9. *Symmetrien*
   Der Graph der Funktion sin(x) ist achsensymmetrisch zur Senkrechten in jedem Hoch- und Tiefpunkt, punktsymmetrisch zu jeder Nullstelle, verschiebesymmetrisch mit Verschiebung um 2π in Richtung der x-Achse. Diese Symmetrieeigenschaften gelten äquivalent am Einheitskreis.

10. *Vom Winkel zum Bogenmaß*
    Mit $b = \alpha \cdot \frac{\pi}{180} \approx \alpha \cdot 0{,}01745$
    a) 2,618   b) –1,396   c) –4,188   d) 5,584
    e) –7,853   f) 0,087   g) 15,182

11. *Vom Bogenmaß zum Winkel*

x	$\frac{\pi}{6}$	$\frac{\pi}{4}$	$\frac{\pi}{3}$	$\frac{\pi}{2}$	$\frac{2\pi}{3}$	π	$\frac{4\pi}{3}$	$\frac{3\pi}{2}$	$\frac{5\pi}{3}$	2π	3π
sin(x)	0,5	0,71	0,87	1	0,87	0	−0,87	−1	−0,87	0	0

12. *Steckbrief*

Name	Sinusfunktion
Periode	2π
Nullstellen	$0, \pi, -\pi, 2\pi, -2\pi, \ldots$
Hochpunkte	$\frac{\pi}{2}, -\frac{3\pi}{2}, \frac{5\pi}{2}, \frac{-7\pi}{2}, \ldots$
Tiefpunkte	$\frac{3\pi}{2}, -\frac{\pi}{2}, \frac{7\pi}{2}, \frac{-5\pi}{2}, \ldots$
Symmetrien	Punktsymmetrisch zum Koordinatenursprung und $(k\pi\mid 0)$ Verschiebungssymmetrisch um Vielfache von 2π

13. *Gleichungen lösen auf verschiedene Art*
Frida löst mit der „Umkehrung" des Sinus und erhält nur eine Lösung. Mögliche weitere Lösungen müssen aus der Grafik erschlossen werden.
Malte löst grafisch und erhält einen schnellen Überblick über die Anzahl und ungefähre Lage der Lösungen. Für genauere Werte müsste er zoomen oder mit Tabellen arbeiten.

14. *Gleichungen*
a) (1) L = {0,41; 2,73} (2) L = { } (3) L = $\left\{\frac{\pi}{2}\right\}$ (4) L = $\left\{\frac{\pi}{3}; \frac{2}{3}\pi\right\}$

b) (1) L = {0,775; 2,367} (2) L = {0,775; 2,367}
(3) L = {0,775; 2,367} (4) L = { }

15. *Zwei allgemeingültige Gleichungen*
Geometrische Eigenschaften des Graphen:
a) Der Graph ist punktsymmetrisch zum Ursprung.
b) Wenn man sin(x) um π in positive x-Richtung verschiebt, erhält man sin(x) an der x-Achse gespiegelt.

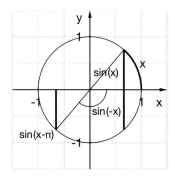

16. *Ein Riesenrad*
    a)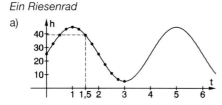
    b) Die Bahn der Gondel kann mit der Bewegung eines Punktes am Kreis verglichen werden; der Winkel zwischen der Stellung t = 0 min und jeder anderen Stellung der Gondel entspricht dem Winkel x im Kreis. Die Gondel verhält sich wie der Punkt P auf dem Kreis und erzeugt so eine Sinuskurve.
    c) Der Graph, den die Gondel erzeugt, beginnt nicht im Koordinatenursprung, da die Gondel nicht die Höhe 0 über dem Erdboden erreicht.
    Der Unterschied zwischen Hoch- und Tiefpunkt beträgt 40 m.
    Funktionsgleichung: $f(t) = 20 \cdot \sin\left(\frac{\pi}{2} \cdot t\right) + 25$

17. *Funktionenlabor: „Ziehharmonika"*
    Für die Funktion y = sin(bx) gilt, dass der Graph von sin(x) längs der x-Achse gestaucht (b > 1) oder gestreckt ist (0 < b < 1) ist. Zwei Beispiele: Für b = 2 bedeutet das, dass statt der einen Wellenlänge jetzt zwei Wellenlängen auf das Intervall 0 ≤ x ≤ 2π fallen. Für b = 0,5 fällt nur die erste halbe Wellenlänge auf das Intervall 0 ≤ x ≤ 2π.

18. *Funktionenlabor: „Was passiert, wenn?"*
    Die Parameter a, c und b prägen den Graphen der Funktion in charakteristischer Weise.
    Der Parameter a beeinflusst die Länge der Amplitude, also den Abstand der Maxima und Minima des Graphen von der x-Achse (= Mittelachse der Welle). Das Vorzeichen gibt die Lage des ersten Extremums in Bezug auf die x-Achse an. Ein Plus bedeutet ein Maximum, ein Minus ein Minimum.
    Der Parameter c gibt die Verschiebung der Welle längs der x-Achse an.
    Ein Minus vor dem c bedeutet, Verschiebung nach rechts, ein Plus bedeutet Verschiebung nach links. Man sagt zu c auch Phasenverschiebung.
    Der Parameter d gibt die Verschiebung der Welle längs der y-Achse an. Ein Minus vor dem d bedeutet, Verschiebung nach unten, ein Plus bedeutet Verschiebung nach oben.
    Die Parameter bei der quadratischen Funktion bewirken das gleiche wie die bei der Sinusfunktion; a streckt oder staucht den Graphen in y-Richtung, c verschiebt den Graphen in x-Richtung und d verschiebt den Graphen in y-Richtung.

56

19. *Graph aus Funktionsgleichung*

a)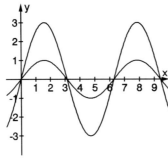
b)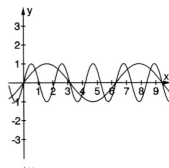
c)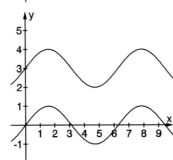
d)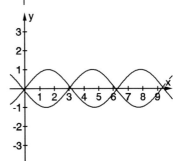

20. *Funktionsgleichung aus Graphen*
    a) $y = 2 \cdot \sin(0{,}5 \cdot x)$
    b) $y = \sin\left(2 \cdot x + \frac{\pi}{2}\right) + 1$ oder   z. B. $y = \sin\left(2 \cdot x - \frac{3\pi}{2}\right) + 1$
    c) $y = -\sin(2x)$ oder   z. B. $y = \sin(2x - \pi)$

21. *Funktionsgleichung aus Graphen*
    a) $y = 3 \cdot \sin\left(x + \frac{\pi}{4}\right) + 2$
    b) $y = 5 \cdot \sin\left(2 \cdot x + \frac{5\pi}{6}\right) + 6$

22. *Steckbriefe trigonometrischer Funktionen*
    a) $y = -3 \cdot \sin(4x)$
    b) $y = 2 \cdot \sin\left(x - \frac{\pi}{2}\right) + 2$

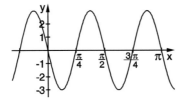

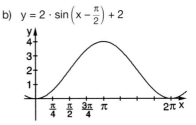

c) $y = 1{,}5 \cdot \sin\left(6 \cdot x + \frac{\pi}{2}\right)$

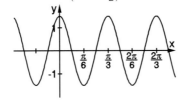

d) Die Wertemenge $1 \leq y \leq 3$ lässt keine Nullstelle zu. Zu den Vorgaben gibt es keine Sinusfunktion.

23. *Vergleich zweier Funktionen*
Leonie hat vergessen, Klammern zu setzen: sin(2x − 1) = sin(2(x − 0,5)).
Die Verschiebung in x-Richtung ist also 0,5.
Die richtige Lösung lautet: f(x) = sin(2(x − 1)) = sin(2x − 2).

24. *Wahr oder falsch? – Begründen Sie die Aussagen.*
   (1) Wahr (vgl. Bsp. F im Buch auf Seite 56: „2a").
   (2) Wahr, weil eine Änderung der Amplitude eine Streckung in y-Richtung ist. In den Schnittpunkten mit der x-Achse ist der y-Wert 0 und damit auch jeder y-Wert a · 0 = 0 nach der Streckung. Einziger Schnittpunkt mit der y-Achse ist (0|0).
   (3) Falsch: $L = \frac{2\pi}{b}$, also sind L und b antiproportional.
   (4) Falsch: Eine Phasenänderung ist geometrisch eine Verschiebung in x-Richtung, also eine Kongruenzabbildung. Diese ändert nicht die Frequenz.

25. *Riesenrad und Parameter*
   a: Größeres oder kleineres Riesenrad
   b: Schnellere oder langsamere Fahrt
   c: Änderung der Einstiegsstelle
   d: Riesenrad weiter nach oben bauen

26. *Aus einem Ferienzentrum*
   a) • Hauptsaison: November (11) bis März (3).
      • Etwa 520 Personen arbeiten ständig in dem Zentrum.
      • Ca. 527 Personen arbeiten im April (f(4)).
      • Im Juni und August arbeiten ca. 400 Personen in dem Zentrum.

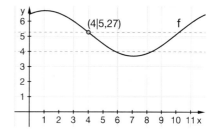

   b) Wegen der fehlenden Attraktivität werden vermutlich weniger Menschen in dem Ferienzentrum Urlaub machen, es werden dann weniger Mitarbeiter benötigt: Verschiebung in negativer y-Richtung.

Kopfübungen

1 Lösungen: 5 und −1

2 Es muss gelten: a < 0, b > 0.

3 Es ist eine Kugel.
   Volumen: $V = \frac{4}{3}\pi r^3$

4 P(keine Meinung oder dagegen) $= \frac{11 + 22}{60} = \frac{33}{60} = \frac{11}{20} = 55\,\%$

3.2 Modellieren periodischer Vorgänge

60   1. *Sonnenaufgänge und Sonnenuntergänge*
Für diese Modellierungsaufgabe empfiehlt sich arbeitsteilige Gruppenarbeit.
Günstig ist der Einsatz elektronischer Werkzeuge, z. B. Tabellenkalkulation oder GTR.

a) Die Tage des Jahres sind durchnummeriert auf der x-Achse dargestellt. Da der Sonnenaufgang an jedem Tag zu einem bestimmten Zeitpunkt stattfindet, kann man dem „Verlauf" des Tages keine weiteren Zeitpunkte des Sonnenaufgangs zuordnen; deshalb dürfen die Punkte nicht miteinander verbunden werden.

b) Überprüfung mittels Stichproben:

01.01	$a(1) \approx 8{,}46$	entspricht	8:27,6 Uhr	(8:27 laut Tabelle)
07.02.	$a(38) \approx 8{,}01$	entspricht	8:00,5 Uhr	(7:51 laut Tabelle)
20.08.	$a(232) \approx 4{,}82$	entspricht	4:49,4 Uhr	(5:15 laut Tabelle)
17.10.	$a(290) \approx 6{,}87$	entspricht	6:52,0 Uhr	(6:48 laut Tabelle)

Die Übereinstimmung mit den tatsächlichen Uhrzeiten ist leidlich gut; es gibt Abweichungen bis zu fast 26 Minuten (am 20.08.).
Wie wurde die Gleichung gefunden?

Periodenlänge 365,25 Tage $\Rightarrow$ $\cos\left(\dfrac{2\pi}{365{,}25} \cdot t\right)$

Maximum: 8:27 Uhr entspricht 8,45

Minimum: 4:05 Uhr entspricht 4,08

Amplitude: $\dfrac{\text{Max} - \text{Min}}{2} = \dfrac{8{,}45 - 4{,}08}{2} \approx 2{,}19$

Verschiebung in y-Richtung: $4{,}08 + 2{,}19 = 6{,}27$

c) Sonnenuntergang:
Periodenlänge 365,25 Tage
Die Kosinusfunktion muss um eine halbe Periodenlänge in x-Richtung verschoben werden.

$\Rightarrow$ $\cos\left(\dfrac{2\pi}{365{,}25} \cdot t - \pi\right)$

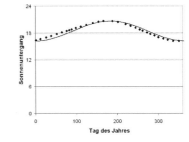

Maximum: 20:40 Uhr entspricht 20,67

Minimum: 16:14 Uhr entspricht 16,23

Amplitude: $\dfrac{\text{Max} - \text{Min}}{2} = \dfrac{20{,}67 - 16{,}23}{2} \approx 2{,}22$

Verschiebung in y-Richtung: $16{,}23 + 2{,}22 = 18{,}45$

Funktionsgleichung: $u(t) = 2{,}22 \cdot \cos\left(\dfrac{2\pi}{365{,}25} \cdot t - \pi\right) + 18{,}45$

Die Übereinstimmung mit den tatsächlichen Uhrzeiten ist nicht besonders gut; es gibt Abweichungen bis zu 43 Minuten (am 21.02.).

1. Fortsetzung

c) Tageslänge:
Periodenlänge 365,25 Tage
Die Kosinusfunktion muss um eine halbe Periodenlänge in x-Richtung verschoben werden.

$\Rightarrow \cos\left(\dfrac{2\pi}{365,25} \cdot t - \pi\right)$

Maximum: 16:35 Stunden entspricht 16,58
Minimum: 7:53 Stunden entspricht 7,88
Amplitude: $\dfrac{\text{Max} - \text{Min}}{2} = \dfrac{16,58 - 7,88}{2} \approx 4,35$
Verschiebung in y-Richtung: 7,88 + 4,35 = 12,23
Funktionsgleichung: $L(t) = 4,35 \cdot \cos\left(\dfrac{2\pi}{365,25} \cdot t - \pi\right) + 12,23$

Die Übereinstimmung mit den tatsächlichen Tageslängen ist nicht besonders gut; es gibt Abweichungen bis zu 55 Minuten (am 01. 09.).

2. *Eine schwingende Ziege*

a) $f(0) = 8$
$f(1,6) = 8$ Punktproben passen
$f(0,8) = 2$

Amplitude: 3
Periode: $\dfrac{2\pi}{b} = \dfrac{2\pi}{1,25\pi} = 1,6$

Phasenverschiebung: $+\dfrac{\pi}{2}$ (nach links, also cos-Funktion ohne Verschiebung)
Ruhelage: 5

b)
- Aufwärtsbewegung: 0,8 < t < 1,6; 2,4 < t < 3,2; ...
- Abwärtsbewegung: 0 < t < 0,8; 1,6 < t < 2,4; ...
- Größter Unterschied: 6 dm
- 1,6 Sekunden

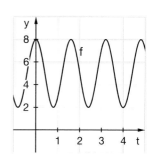

3. *Die Sinusfunktion und das Fahrradventil*

Modellierung:
Wir nehmen an, dass sich das Fahrradventil auf dem äußeren Rand des Reifens befindet.

a) Durch Probieren oder mittels GTR findet man zu den Messwerten folgende Funktionsgleichung (SinReg, trigonometrische Regression):
$y = 5,99 \cdot \sin(0,16 \cdot x - 1,54) + 5,99$

3. b) Die unter a) gefundene Funktionsgleichung stimmt sehr gut mit der theoretischen Gleichung $h(x) = \sin\left(\frac{x}{r} - \frac{\pi}{2}\right) + r$ (für r = 6) überein.

Herleitung der Funktionsgleichung $h(x) = \sin\left(\frac{x}{r} - \frac{\pi}{2}\right) + r$:

Aus nebenstehender Zeichnung liest man für den Kosinus des Winkels w (im Bogenmaß) ab:

$\cos(w) = \frac{r-h}{r}$ bzw.

$h = -\cos(w) + r = \sin\left(w - \frac{\pi}{2}\right) + r$

Für den Kreisbogen x zum Winkel w gilt:
$x = r \cdot w$ bzw. $w = \frac{x}{r}$.

Damit erhalten wir für h(x):

$h(x) = \sin\left(\frac{x}{r} - \frac{\pi}{2}\right) + r$

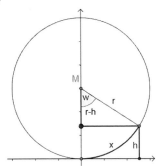

4. *Das „London Eye"*

Wir starten mit der Funktionsgleichung $h(t) = a \cdot \sin(bt - c) + d$,

mit der Periodenlänge 30 Minuten $\Rightarrow \sin\left(\frac{2\pi}{30} \cdot t\right)$, t in Minuten.

Maximum = 135, Minimum = 135 − 120 = 15

Amplitude: $a = \frac{120}{2} = 60$,

Verschiebung in y-Richtung: d = 15 + 60 = 75

Damit ergibt sich die Funktionsgleichung $h(t) = 60 \cdot \sin\left(\frac{2\pi}{30} \cdot t - c\right) + 75$

Wenn die Gondel unten ist, dann startet der Graph mit einer Phasenverschiebung von $c = \frac{\pi}{2}$.

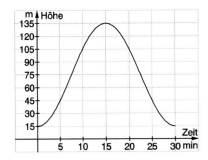

5. *Gesundheit*

a) Der Graph ist in beiden Fällen eine Sinuskurve. Die Hochpunkte sind um 6:00 Uhr, im Laufe des Tages nimmt der maximale Luftstrom deutlich ab und erreicht um 18:00 Uhr in beiden Fällen seinen Tiefpunkt. Beim Asthmatiker ist der Luftstrom insgesamt deutlich tiefer als beim Nicht-Asthmatiker, und die Amplitude ist viel größer.

b) Verschiebung nach unten in Richtung der y-Achse und Vergrößerung der Amplitude.

c) Nicht-Asthmatiker: $\quad L(t) = 15 \cdot \cos\left(\frac{2\pi}{24} \cdot t\right) + 440$

Asthmatiker: $\quad L(t) = 50 \cdot \cos\left(\frac{2\pi}{24} \cdot t\right) + 350$

6. *Mittlere Sonnenscheindauer*
   a) (1) a = 3,7: Da es auch im Winter einige Sonnentage gibt, ist a < 4.
      (2) b = 0,52: Periode: 12 (Monate), also ist b etwas größer als 0,5
          (b = 0,5: Periode 4π, 4π ≈ 12,56).
      (3) c = 3
      (4) d = 4,2
      Funktionsgleichung: f(x) = 3,7 · sin(0,52 · (x − 3)) + 4,2
   b)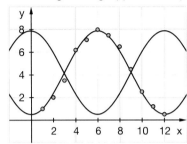
   Funktionsgleichung: f(x) = 3,7 · sin(0,52 · (x − 9)) + 4,2

7. *Mittlere Lufttemperatur in Lillehammer*
   Wir gehen aus von der allgemeinen Sinusfunktion y(x) = a · sin(bx − c) + d,
   mit Periodenlänge 12 Monate $\Rightarrow$ $\sin\left(\frac{2\pi}{12} \cdot x\right)$, x in Monaten.
   Maximum = 21,8; Minimum = −5,7
   Amplitude: $a = \frac{21,8 - (-5,7)}{2} = \frac{27,5}{2} = 13,8$
   Verschiebung in x-Richtung (= Phasenverschiebung): $c = \frac{2\pi}{3}$
   Verschiebung in y-Richtung: d = −5,7 + 13,8 ≈ 8,0
   Damit ergibt sich die Modellgleichung $y(x) = 13,8 \cdot \sin\left(\frac{2\pi}{12} \cdot x - \frac{2\pi}{3}\right) + 8,0$.
   In der Tabelle und in der GTR-Grafik werden die Ergebnisse aus der Modellgleichung mit den Messwerten in der Aufgabe verglichen.

	Jan	Feb	Mar	Apr	Mai	Jun	Jul	Aug	Sep	Oct	Nov	Dez
Modell	−5,8	−3,9	1,1	8,0	14,9	19,9	21,8	20,0	14,9	8,0	1,1	−3,9
gemessen	−5,7	−3,7	1,7	8,0	14,7	19,8	21,8	19,6	14,2	7,0	0,6	−2,9

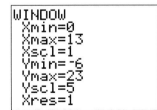 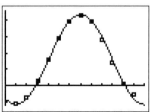

Die trigonometrische Regression des GTR liefert fast dieselbe Funktionsgleichung:
y(x) = 13,35 · sin(0,53x − 2,12) + 8,13

64

8. *Wasserstände an der Küste*

   a)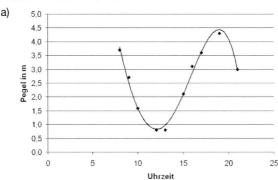

   b) Periodenlänge 12 Stunden $\Rightarrow \sin\left(\frac{2\pi}{12} \cdot t\right)$ (t in Stunden)

   Maximum: 4,3   Minimum: 0,8

   Amplitude: $\frac{\text{Max} - \text{Min}}{2} = \frac{4,3 - 0,8}{2} = 1,75$

   Verschiebung in x-Richtung: $\frac{7}{12} \cdot \pi$

   Verschiebung in y-Richtung: $0,8 + 1,75 = 2,55$

   Funktionsgleichung: $P(t) = 1,75 \cdot \sin\left(\frac{2\pi}{12} \cdot \left(t - \frac{7}{2}\right)\right) + 2,55$

   Mit P(t) können die Pegelstände berechnet werden, die Johannes nicht gemessen hat:

Uhrzeit	1	2	3	4	5	6	7	8
Pegel gemessen								3,7
Pegel berechnet	0,86	1,31	2,10	3,00	3,79	4,24	4,24	3,79

Uhrzeit	9	10	11	12	13	14	15	16
Pegel gemessen	2,7	1,6		0,8	0,8		2,1	3,1
Pegel berechnet	3,00	2,10	1,31	0,86	0,86	1,31	2,10	3,00

Uhrzeit	17	18	19	20	21	22	23	24
Pegel gemessen	3,6		4,3		3,0			
Pegel berechnet	3,79	4,24	4,24	3,79	3,00	2,10	1,31	0,86

9. *Wasserstände in Emden und Hamburg*

   a) Durch Messen an der Grafik im Schülerband erhält man etwa folgende Werte:
   Hochpunkte bei 9,6 und bei 22,2; Tiefpunkte bei 3,0, bei 15,6 und bei 28,5 (Messfehler!).
   Man kann daraus schließen, dass die Periodenlänge etwa 12,6 Stunden beträgt.
   Danach wäre das nächste Hochwasser am 9.8. um 11 Uhr, das nächste Niedrigwasser am 9.8. etwa um 17 Uhr.

   b) Die Gleichung gibt den Verlauf nur angenähert wieder. Für langfristige Vorhersagen müssen exaktere Messverfahren und mathematische Modelle gewählt werden.

9. c) Die für Hamburg gemessenen Werte führen zu folgendem Streudiagramm:

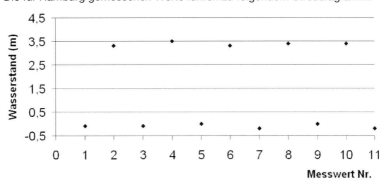

Die elf Messwerte geben das Hoch- bzw. Niedrigwasser an der Messstelle an. Die zeitlichen Abstände sind sehr unregelmäßig zwischen 5:17 Stunden und 7:23 Stunden. Auch die jeweils gemessenen Wasserstände differieren.
Deshalb kann keine einfache trigonometrische Funktion diese Wasserstände beschreiben. Der Grund: Das bei Flut elbaufwärts drängende Nordsee-Wasser trifft auf das elbabwärts fließende Elbwasser, beides unterliegt so vielen Einflüssen, dass in Hamburg kein regelmäßiger Pegelstand möglich ist.

Kopfübungen

1 A und B

2 0,5

3 ca. 314 cm²
$A = \pi \cdot r^2 = \pi \cdot (10 \text{ cm})^2 = 100 \cdot \pi \text{ cm}^2 \approx 314 \text{ cm}^2$

4 a) Es gibt 36 mögliche Paare: (1,1); (1,2); (2,1); …; (6,6)
b) Günstig: (1,5); (5,1); (2,6); (6,2)
$\Rightarrow p = \frac{4}{36} = \frac{1}{9}$

10. Experimente mit den GTR-Einstellungen

a)
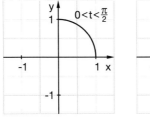
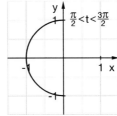
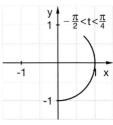

$0 < t < 2\pi$; Tstep: $\frac{\pi}{2}$ $0 < t < 2\pi$; Tstep: $\frac{\pi}{4}$ $0 < t < 2\pi$; Tstep: $\frac{2\pi}{3}$

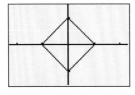
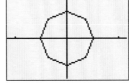
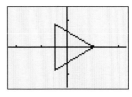

$0 < t < 20\pi$; Tstep: 2 $0 < t < 20\pi$; Tstep: 3 $0 < t < 20\pi$; Tstep: 4

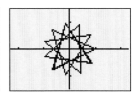

Im „dot"-Modus werden „korrekt" einzelne Punkte des Kreises gezeichnet, die Eckpunkte der Polygone.

b) Der Drehsinn ändert sich (von links nach rechts); Beginn für t = 0 in (0|1).

11. *Kreise auf dem GTR*

a) I   Einheitskreis, um 2 Einheiten nach rechts verschoben
   II   Kreis mit dem Radius 3 um den Koordinatenursprung
   III   Einheitskreis, um 1 Einheit nach rechts und um 1 Einheit nach unten verschoben
   IV   Einheitskreis, um 2 Einheiten nach links und um 2 Einheiten nach oben verschoben

b) $x(t) = r \cdot \cos(t) + a$
   $y(t) = r \cdot \sin(t) + b$

c) *Konzentrische Kreise:*

I $x(t) = \cos(t)$ II $x(t) = 2\cos(t)$ III $x(t) = 3\cos(t)$
   $y(t) = \sin(t)$ $y(t) = 2\sin(t)$ $y(t) = 3\sin(t)$
IV $x(t) = 4\cos(t)$ V $x(t) = 5\cos(t)$
    $y(t) = 4\sin(t)$ $y(t) = 5\sin(t)$

Vier Kreise (mit Radius r = 1):

I $x(t) = \cos(t) + 1$ II $x(t) = \cos(t) + 1$ III $x(t) = \cos(t) - 1$
  $y(t) = \sin(t) + 1$ $y(t) = \sin(t) - 1$ $y(t) = \sin(t) + 1$
IV $x(t) = \cos(t) - 1$
    $y(t) = \sin(t) - 1$

65   **11.** Fortsetzung
       c) *Olympische Ringe (5 Kreise mit Radius r = 2):*

I $x(t) = 2\cos(t)$
     $y(t) = 2\sin(t) + 2$
	II $x(t) = 2\cos(t) - 3$
	      $y(t) = 2\sin(t) + 2$
		III $x(t) = 2\cos(t) + 3$
		       $y(t) = 2\sin(t) + 2$

IV $x(t) = 2\cos(t) - 1{,}5$
       $y(t) = 2\sin(t) - 1$
	V $x(t) = 2\cos(t) + 1{,}5$
	     $y(t) = 2\sin(t) - 1$	

66   **12.** *Der Kreis verformt sich*
       a) Ellipse mit den Halbachsen a = 3 und b = 2
       b) Vertauschung der Faktoren führt zu anderen Ellipsenformen: flacher, kreisförmiger, …
       c) Es entsteht eine Spirale.

    13. *Lissajous-Figuren*
       a) Kurve (4)   b) Kurve (3)   c) Kurve (1)   d) Kurve (2)

    14. *Experimentieren im Lissajous-Labor*
      Für u = v entsteht ein Kreis. Darüber hinaus gibt es eine Vielzahl verschiedener Graphen, die alle mindestens eine Symmetrieachse haben.

      Beispiele:
      u = 2, v = 3   u = 3, v = 4

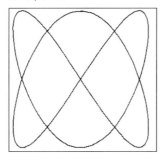 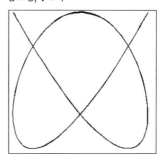

      u = 1, v = 6   u = 5, v = 3

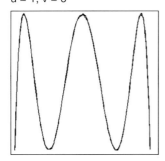 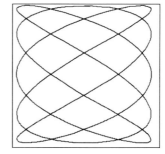

14. Fortsetzung

Wenn u oder v oder beide Faktoren nicht natürliche Zahlen sind, z. B. $\sqrt{2}$, so ist der Graph nicht symmetrisch.

Beispiel:
u = 2, v = $\sqrt{2}$

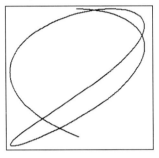

Kapitel 4
Funktionen und Änderungsraten

Didaktische Hinweise

In vielen Situationen, auch im täglichen Leben, ist die Frage danach, wie sich etwas verändert, häufig von entscheidender Bedeutung. Hat der Lernfortschritt zugenommen? Nimmt der Anstieg des Hochwassers noch weiter zu? Nimmt die Arbeitslosenzahl stärker ab? Konnte der Umsatz ständig gesteigert werden? Entsprechend dieser Bedeutsamkeit wird in dem einleitenden Kapitel zur Analysis die Ableitung unter der Leitidee „Änderungsrate" entwickelt. Um vielfältige Verständnisebenen zu schaffen, wird gleichzeitig auch die klassische geometrische Interpretation als Steigung behandelt. Für eine verständnisorientierte Begriffsbildung ist dabei eine intensive qualitative Auseinandersetzung mit Änderungen und deren grafischer Darstellung notwendig (4.1). Ein solcher Zugang schafft damit sowohl Anknüpfungspunkte an alltägliche Sprech- und Handlungsweisen als auch einen Ausgangspunkt für die folgende quantifizierende Erfassung von Änderungen über Differenzenquotienten und Sekantensteigungen. Für die Ausbildung einer adäquaten Grundvorstellung ist ein breiter, vielfältiger Umgang mit mittleren Änderungsraten notwendig, ehe behutsam das kognitiv schwierige Konzept der Momentanänderung am Beispiel der Momentangeschwindigkeit erarbeitet wird (4.2). Dies wird dann auf vielfältige Kontexte übertragen. Mithilfe von grafikfähigen Taschenrechnern oder der beigefügten Software können mit der Sekantensteigungsfunktion momentane Änderungen sehr effektiv näherungsweise bestimmt, veranschaulicht und untersucht werden, sodass ein mächtiges Werkzeug für schülernahes Explorieren und Experimentieren zur Verfügung steht (4.3). Das Problem des Unendlichen wird deutlich als grundlegendes erfasst, aber schülergerecht auf eine phänomenologisch-anschauliche Propädeutik beschränkt. Viele aus dem vorherigen Unterricht bekannte Funktionen werden wieder aufgenommen und mit den neu erarbeiteten Konzepten untersucht.

Während in 4.1 der globale Aspekt von Änderungen (Steigungsgraphen) qualitativ, beschreibend im Mittelpunkt steht, rückt in 4.2 der lokale Aspekt in den Fokus, ehe in 4.3 die Erkenntnisse aus 4.2 mit den Erfahrungen aus 4.1 verknüpft werden und zu einer mathematisierten Betrachtung des globalen Aspekts den Erstzugang zur Analysis zu einem ersten Abschluss führen.

Zu 4.1 „Änderungsraten – grafisch erfasst"
Der Einstieg erfolgt über die vielfältige Auseinandersetzung mit vielleicht schon aus vorherigen Jahrgängen bekannten Füllvorgängen, die ein schülernahes Erfahren und Darstellen von Änderungen ermöglichen. Im Basiswissen wird dann der unmittelbare Zusammenhang zwischen Änderung und Steigung sprachlich fixiert und visualisiert. In den Übungen werden die wichtigen Grundvorstellungen in verschiedenen Sachzusammenhängen erzeugt und gefestigt, indem die Schülerinnen und Schüler aus Texten Graphen und aus Graphen Texte zu Änderungen herstellen und interpretieren. Neben einem sicheren Umgang mit Änderungen wird auch das qualitative Funktionsverständnis intensiv geübt („Wie verhält sich y, wenn x sich so verhält?" (Kovarianzaspekt)).

Den Abschluss bildet ein Projekt zum Erlaufen von Graphen unter besonderer Berücksichtigung von unterschiedlichen Geschwindigkeiten. Hier können Änderungen nahezu körperlich erfahren werden.

Zu 4.2 „Von der durchschnittlichen zur momentanen Änderungsrate"
In diesem Lernabschnitt stehen die quantifizierte Erfassung von Änderungen in Form von mittleren Änderungsraten und der Weg zur momentanen Änderung an einer Stelle im Mittelpunkt – also die lokale Untersuchung von Änderungen.

Die mittleren Änderungsraten bilden dabei einen eigenständigen Gegenstand zur Untersuchung von Änderungen in verschiedenen Sachsituationen, sie sind damit nicht schnell zu durchlaufende Zwischenstation auf dem Weg zur Ableitung. Die Arbeit mit dem Differenzenquotienten und seiner Veranschaulichung erzeugt eine stabile Grundlage für die dann folgende Annäherung an das komplexe Konzept der momentanen Änderung.

Im Einstieg werden zunächst zwei typische Situationen untersucht, die den Zusammenhang zwischen den beiden zentralen Grundvorstellungen, der Änderungsrate und der Steigung, für die Schüler erlebbar machen. In einem ausführlichen Lesetext mit integrierten kleinen Aufgaben wird die grundlegende Vorgehensweise zur momentanen Änderungsrate am Beispiel des freien Falls in einer alternativen methodischen Form angeboten. Im Basiswissen werden wieder ganzheitlich sowohl Änderungsrate und Steigung als auch die Bestimmung eines Näherungswertes für die momentane Änderung thematisiert, sodass hier schon das zentrale Problem des Lernabschnitts eine erste, wenn auch vage, Antwort findet. In den Übungen (4–12) wird zunächst der Umgang mit dem Differenzenquotienten vielfältig gefestigt, ehe sich die Schülerinnen und Schüler in unterschiedlichen Forschungsaufträgen mit der grundlegenden Problematik des Infinitesimalen bei der Annäherung an die Steigung an einer Stelle (Momentanänderung) auseinandersetzen und erste Ergebnisse erzielen (Übungen 13–16). Der GTR wird hier zum ertragreichen Werkzeug bei der Gewinnung von Vermutungen und numerischen Ergebnissen.

Im Zentrum bleibt der verständige Umgang mit Differenzenquotienten und nicht ein vorschnelles algebraisches Kalkül. Im Basiswissen werden die zentralen Begriffe und Schreibweisen eingeführt. Dabei ist darauf Wert gelegt, dass es einerseits inhaltlich bei einem intuitiven Grenzwertbegriff mit entsprechend vorsichtigen Formulierungen bleibt, dass aber andererseits auch die Notwendigkeit einer Präzisierung in den Blick gerät und erste Schritte in dieser Richtung gegangen werden (Aufgaben 22–24). Natürlich erfahren die Lernenden auch die Vorteile der „h-Methode", aber auch deren Grenzen (Übungen 20–21).

Zu 4.3 „Von der Sekantensteigungsfunktion zur Ableitungsfunktion"
Nach der lokalen Untersuchung in 4.2 wendet sich der dritte Lernabschnitt wieder der globalen Untersuchung von Funktionen und ihren Änderungen zu. Dabei wird mit der Sekantensteigungsfunktion als Näherungsfunktion der Ableitungsfunktion ein Werkzeug eingeführt, das in Verbindung mit dem GTR oder der beigefügten Software sehr wirkmächtig ist und die grafisch-numerische Bestimmung von Ableitungsfunktionen in gewünschter Näherung erlaubt, ohne dass weitere algebraische Werkzeuge (Ableitungsregeln etc.) nötig sind. Hier liegt also eine analoge Situation zum Lösen von

Gleichungen vor, wo mit dem GTR auch immer grafisch-numerische Lösungsverfahren (Schnittstellen, Nullstellen, Vorzeichenwechsel in Tabellen) frühzeitig und parallel zu den algebraischen Verfahren den Schülerinnen und Schülern zur Problembearbeitung zur Verfügung stehen. Nachdem im Basiswissen die Sekantensteigungsfunktion erläutert wird, dient sie in der anschließenden Übungsphase als Werkzeug zur näherungsweisen Erzeugung und Untersuchung von Ableitungsfunktionen, aber auch als heuristisches Hilfsmittel, wenn es z. B. um die Ableitung der Sinusfunktion geht (Übung 9). Dabei sind die Steigungsgraphen nun – in Wiederaufnahme und Abgrenzung zu den Untersuchungen in 4.1 – ‚errechnete', mathematisierte Graphen (Übungen 3–8). Ähnlich wie in 4.2 führt eine genauere Untersuchung der Sekantensteigungsfunktionen dann zur begrifflichen Festlegung der Ableitungsfunktion im zweiten Basiswissen (Übung 7). Wenn die Schülerinnen und Schüler dann die manchmal mögliche Vereinfachung mithilfe von Algebra erfahren haben („h-Methode", Übung 11), stehen ihnen für zukünftige Untersuchungen zwei leistungsstarke Werkzeuge zur Verfügung:

(1) Die Sekantensteigungsfunktion, die in der universellen Einsetzbarkeit ihren Vorteil hat, aber immer Näherungslösung bleibt, und
(2) die „h-Methode", die zwar exakte Ergebnisse liefert, aber dafür nicht immer möglich ist.

Lösungen

4.1 Änderungsraten – grafisch erfasst

1. *Füllvorgänge und Graphen*
a) Entscheidend wirken folgende Kriterien:
- Hohe Strichdichte bei den stroboskopischen Bildern bedeutet langsamer Anstieg des Flüssigkeitspegels, entsprechend entsteht ein größerer Abstand zwischen den Strichen, wenn der Flüssigkeitspegel relativ rasch steigt.
- Ein steiler Anstieg des Füllgraphen ist die Folge einer kleinen Querschnittsfläche des Gefäßes, entsprechend bewirkt eine Vergrößerung der Querschnittsfläche einen flacheren Anstieg des Füllgraphen.

Gefäß	Füllgraph	Strob. Bild	Begründung
I	2	E	Einer kurzen schnellen Anfangsphase folgt eine stetige nichtlineare Füllung, bis ein rascher linearer Anstieg, bedingt durch ein engeres Rohrvolumen, die Füllung beendet.
II	1	C	Gleichförmiger Anstieg des Flüssigkeitspegels, der Füllgraph ist eine zur Zeit t proportionale Funktion.
III	5	F	Zuerst schneller, dann langsamer werdender Anstieg des Flüssigkeitspegels, der Füllgraph ist nach rechts gekrümmt.
IV	4	A	Fast linearer Anstieg des Füllgraphen, aber oben und – vermutlich – unten durch kugelige Enden schnelleres Füllen des Gefäßes.
V	6	B	Symmetrischer Doppelkegel, der sich erst langsam, dann schneller und dann wieder langsamer füllt.
VI	3	D	Der Gefäßquerschnitt nimmt von unten nach oben ab, der Füllpegel steigt immer schneller. Die Steigung des Graphen nimmt zu.

b) Gute Beispiele liefern aneinandergefügte Raumkörper (z. B. Kegel und Würfel).

2. *Ebbe und Flut an der Nordsee*
Der Graph A beschreibt die Wasserstandsänderungen am besten. Nach seinem tiefsten Pegelstand steigt das Wasser kontinuierlich mit positiver Änderungsrate bis zum höchsten Pegelstand. Danach fällt der Pegelstand kontinuierlich mit negativer Änderungsrate. Die Änderungsrate ist betragsmäßig am größten, wenn sich der Wasserstand zwischen Niedrigwasser und Hochwasser befindet. Die beiden anderen Graphen kommen auch deshalb nicht infrage, weil der Wechsel zwischen NW und HW harmonisch verläuft und nicht sägezahnmäßig (B) und weil ausschließlich positive Änderungsraten (C) nicht möglich sind.

3. Aussagen über Änderungen

Thema	Graph	Begründung
Arbeitslosenzahl	A	Der Rückgang der Arbeitslosenzahlen erfolgt nach einem relativen Maximum immer schneller, also ein nach unten gekrümmter Graph. y-Achse: 3,9 bis 3,3 Millionen x-Achse: Zeitraum 2000 bis 2008 (Quelle: Statistisches Bundesamt)
Schülerzahl	B	Die Schülerzahlen nehmen seit Jahren ab, aber nicht linear, sondern immer schneller, also ein nach unten gekrümmter Graph. y-Achse: 10,2 bis 9,2 Millionen x-Achse: Zeitraum 1997 bis 2007 (Quelle: Statistisches Bundesamt)
Durchschnittstemperatur	D	Die Änderungsrate des Durchschnittstemperaturanstieges nimmt zu, deshalb ist der Graph für die Durchschnittstemperatur nach oben gekrümmt. y-Achse: 0,0°C bis 0,6°C Erhöhung seit 1975 x-Achse: Zeitraum 1975 bis 2008 (Quelle: Wikipedia)
Verkehrsunfälle	C	Zwar steigt die Zunahme der Verkehrsunfälle immer noch, doch konnte der Zuwachs kontinuierlich verringert werden. y-Achse: Von 2,24 Mio. bis 2,29 Mio. Unfälle x-Achse: Zeitraum 2006 bis 2008 (Quelle: Statistisches Bundesamt)

4. Fruchtfliegen
   a) Anfangs, wenn für wenige Fliegen genügend Nahrung vorhanden ist, können sie sich ungestört vermehren. Solange die Lebensdauer größer als der Vermehrungszyklus ist, wird die Population anwachsen. Mit der Verknappung der Nahrung wird die Lebensdauer sinken, und es kommt zu einem Schrumpfen der Population. Das Schrumpfen erfolgt schneller als das anfängliche Wachsen.
   b) Bestand und Änderungsrate des Bestandes für die Fruchtfliegen:

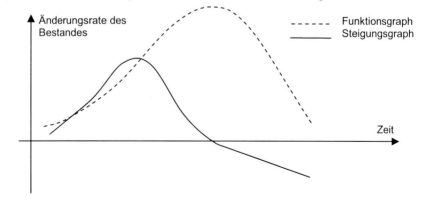

5. *Höhenforschungsrakete – vom Steigungsgraphen zum Funktionsgraphen*
   a) Anfangs steigt die Rakete mit einer zur Zeit überproportional zunehmenden Geschwindigkeit. Nach dem Abbrennen der Antriebsrakete würde sich die erreichte Geschwindigkeit konstant fortsetzen, wenn sich nicht die proportional zur Zeit zunehmende Fallgeschwindigkeit überlagern würde. Die Geschwindigkeit der Rakete nimmt nun bis zum Erreichen ihrer maximalen Höhe linear ab. Ab hier wird die Geschwindigkeit negativ, und die Rakete fällt auf einer parabolischen Bahn zur Erde zurück. Nach Erreichen einer bestimmten Fallgeschwindigkeit öffnet sich der Bremsfallschirm, wodurch sich der Fall der Rakete verlangsamt und in eine konstante Sinkgeschwindigkeit übergeht, bis die Rakete auf dem Boden auftrifft.
   b) Der rechte Graph wird vervollständigt, indem man ihn mit einer geraden Linie mit negativer Steigung verlängert, weil die Höhe wegen der konstanten Fallgeschwindigkeit linear abnimmt. Vorher wird noch ein kleines linksgekrümmtes Wegstück zurückgelegt, weil sich die Fallgeschwindigkeit durch die Bremswirkung des Fallschirms verlangsamt.
   Die markanten Punkte des Geschwindigkeitsgraphen finden sich folgendermaßen im Weg-Zeit-Diagramm wieder:
   1. Bis zum Geschwindigkeitsmaximum nimmt die Steigung des Weg-Zeit-Graphen zu, danach nimmt die Steigung ab, das heißt, die Zunahme des Höhenanstieges verlangsamt sich, bis die Rakete ihren höchsten Punkt erreicht.
   2. Der Nullpunkt des Geschwindigkeitsgraphen markiert den höchsten Punkt der Raketenbahn.
   3. Die zunehmende negative Geschwindigkeit erzeugt den parabelförmigen Höhenverlust.
   4. Das Öffnen des Bremsfallschirmes verlangsamt den Höhenverlust.
   5. Der konstanten Sinkgeschwindigkeit würde ein konstanter Höhenabbau bis zum Auftreffen auf dem Erdboden entsprechen.

6. *Vergessenskurve*
   Graph der Änderungsrate für das Vergessen von Lerninhalten:

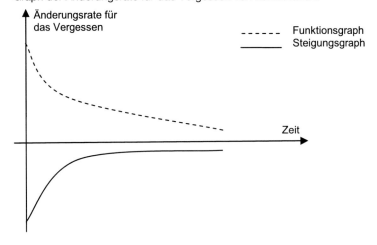

78   6.   Fortsetzung
Abgeleitete Ratschläge für das Lernen:
1. Große negative Änderungsrate verkleinern, d.h. steilen Abfall der Vergessenskurve abflachen, d.h.: Frühzeitig wiederholen
2. Große Funktionswerte bei der Vergessenskurve im weiteren zeitlichen Verlauf beibehalten, d.h.: Regelmäßig wiederholen

79   7.   *Regenmesser*
a) Die Steigung des Graphen gibt die momentane Änderungsrate der Niederschlagsmenge wieder.
b) Niederschlagsmenge und zugehöriger Änderungsgraph
- an einem wechselhaften Sommertag:

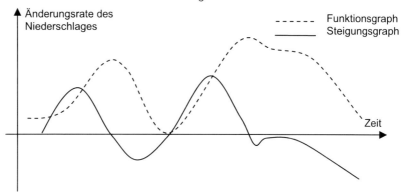

- an einem stürmischen Gewittertag:

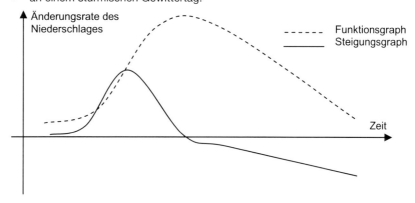

8. *Staatsschulden und Änderungsrate*
a) Siehe Graph C in Aufgabe 3 *(Aussagen über Änderungen)*.
b) Die Verschuldung nimmt zwar immer noch zu, aber bereits schon mit kleiner werdender Änderungsrate.

79 9. *Änderungsraten in verschiedenen Sachzusammenhängen*

Funktionsgraph	Änderungsrate
Weg-Zeit-Graph einer Autofahrt	Geschwindigkeit zu einem Zeitpunkt
Höhenprofil einer Wanderstrecke	Anstieg/Gefälle des Weges an einer Stelle
Füllhöhe einer Flüssigkeit in einem Gefäß zu einem bestimmten Zeitpunkt	Steiggeschwindigkeit des Wasserspiegels zu diesem Zeitpunkt
Schuldenhöhe zu einem bestimmten Zeitpunkt	Geschwindigkeit der Verschuldung
Pegelstand eines Flusses zu einem Zeitpunkt	Steig-/Sinkgeschwindigkeit des Wassers
Wasserstand im Regenmesser zu einem Zeitpunkt	Anstiegsrate der Niederschlagsmenge zu einem Zeitpunkt
Höhe des Flugzeuges über Grund zu einem bestimmten Zeitpunkt	Steiggeschwindigkeit des Flugzeuges zu einem bestimmten Zeitpunkt
Bevölkerungsstand an einem bestimmten Stichtag	Bevölkerungswachstum an einem bestimmten Stichtag
Geldentwertung (Inflation) zu einem bestimmten Zeitpunkt	Momentane Inflationsrate zu diesem Zeitpunkt
Intensität der radioaktiven Strahlung eines Elements zu einem Zeitpunkt	Zerfallsrate des radioaktiven Elements zu diesem Zeitpunkt

80 10. *Steigungsgraphen der bekannten Funktionen*
 a) Schüleraktivität.
 b) Zuordnungen:

Beschreibung	C	A	B	D
Funktion	$y_1 = x^2$	$y_2 = \sqrt{x}$	$y_3 = \frac{1}{x}$	$y_4 = 2^x$
Steigungsgraph	II	III	IV	I

 c) Steigungsgraphen für:
   (1) $y_5(x) = 2x$ (2) $y_6(x) = 3x$ (3) $y_7(x) = -2x$ (4) $y_8(x) = 2x + 1$

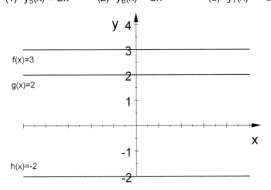

Es fällt auf, dass bei linearen Funktionen:
 • parallele Graphen gleiche Steigungsgraphen haben.
 • ein Minus vor der Funktionsgleichung den Steigungsgraphen an der x-Achse spiegelt.

80 Kopfübungen

1 $\frac{1}{6} < \frac{2}{3} < \frac{3}{4}$

2 Starthöhe: $h(0) = 1{,}25$ m
Landezeitpunkt: t gesucht mit $h(t) = 0 \Rightarrow t = 0{,}5$ s

3 Kantenlänge 5 cm; $O = 150$ cm²

4 Würfel und Tetraeder sind geeignet, weil jeweils alle Seitenflächen zueinander kongruent sind.

4.2 Von der durchschnittlichen zur momentanen Änderungsrate

82

1. *Eine Autofahrt durch ein Dorf*

a) Herr Mayer hat die Ortschaft mit unterschiedlichen Geschwindigkeiten durchfahren. Das belegt die Ermittlung der in den einzelnen Minutenintervallen gefahrenen mittleren Geschwindigkeiten.

Minuten-intervall	1. Min.	2. Min.	3. Min.	4. Min.	5. Min.	6. Min.
gefahrene Kilometer	0,8	1,0	1,2	0,2	0,4	0,9
mittl. Geschw. (in $\frac{km}{h}$)	48	60	72	12	24	54

b) Zwischen der 2. und der 3. Minute ist Herr Mayer mit einer mittleren Geschwindigkeit von 72 $\frac{km}{h}$ gefahren, im Intervall [2,0; 2,4] sogar 90 $\frac{km}{h}$:

$$\Delta v = \frac{s_2 - s_1}{t_2 - t_1} \frac{km}{min} = \frac{2{,}4 - 1{,}8}{2{,}4 - 2{,}0} \frac{km}{min} = \frac{0{,}6}{0{,}4} \frac{km}{min} = 90 \frac{km}{h}$$

Wenn er hier geblitzt wurde, erhält er nicht nur eine Anzeige, sondern er muss auch mit dem Führerscheinentzug rechnen. Dabei hilft es ihm nicht, wenn er sagt, dass er für die 4,5 km lange Ortsdurchfahrt sechs Minuten benötigt habe, er also nur 45 $\frac{km}{h}$ gefahren sei. Denn das ist die hier nicht in Betracht kommende Durchschnittsgeschwindigkeit in [0; 6] gewesen:

$$\Delta v = \frac{s_2 - s_1}{t_2 - t_1} \frac{km}{min} = \frac{4{,}5 - 0}{6 - 0} \frac{km}{min} = 45 \frac{km}{h}$$

2. **Eine Mountainbike-Tour durch die Berge**
   a) Das Höhenprofil gibt dem Radsportler nicht nur über die zu überwindenden Höhen Auskunft, sondern auch über die Steilheiten von Auf- und Abfahrt.
   b)

	Berg 1 Bärenwände	Berg 2 Fohra	Berg 3 Wolfsbühel	Berg 4 Weinberg	Berg 5 Jauerling
Aufstieg (m)	400	250	200	200	550
Länge (m)	4500	3500	3500	2500	7000
Steigung (%)	ca. 9	ca. 7	ca. 6	8	ca. 8
Abfahrt (m)	350	200	150	250	650
Länge (m)	3000	2000	1500	3500	5000
Gefälle (%)	ca. 11,5	10	10	ca. 7	13

   Die durchschnittliche Steigung der Aufstiege ist etwas größer als 7,5 %, das durchschnittliche Gefälle der Abfahrten ist etwas größer als 10 %.

   c) Berg 1 hat mit ca. 9 % den steilsten Aufstieg, Berg 5 hat mit 13 % die steilste Abfahrt.

3. **Der freie Fall**
   a) Dass der Stein zunehmend schneller fällt, kann man daran erkennen, dass mit jedem Zeitintervall die durchfallende Höhendifferenz immer größer wird.

Zeitintervall	AB	BC	CD	DE	EF	FG
Durchfallende Höhendifferenz (m)	1,2	3,8	6,2	8,8	11,2	13,8

   Wenn der Stein mit konstanter Geschwindigkeit fallen würde, dann wären die Abstände zwischen zwei aufeinander folgenden Messpunkten stets gleich. Man müsste eine fallende Gerade im Höhe-Zeit-Diagramm sehen.

   b) Berechnung der Durchschnittsgeschwindigkeiten v_d:

Zeitintervall (s)	[0; 0,5]	[0,5; 1,0]	[1,0; 1,5]	[1,5; 2,0]	[2; 2,5]	[2,5; 3]
Höhendiff. (m)	1,2	3,8	6,2	8,8	11,2	13,8
$v_d \left(\frac{m}{s}\right)$	2,4	7,6	12,4	17,6	22,4	27,6

   c) Berechnung der Höhen mit $h(t) = 45 - 5t^2$:

Zeit (s)	0,5	1,0	1,5	2,0	2,5	3,0
Höhe mit h(t)	43,75	40,00	33,75	26,00	13,75	0,00
Gemessene Höhe	43,8	40	33,8	25	13,8	0

   Der Vergleich mit den gemessenen Werten bestätigt, dass h(t) sehr gut passt.

4. **Eine Radtour**
   a)

Stundenintervall	1.	2.	3.	4.	5.	6.	7.
gefahrene km	8	18	10	1	15	17	16
Durchschnittsgeschwindigkeit $\left(\frac{km}{h}\right)$	8	18	10	1	15	17	16

   Für die 85 km lange Tour wurden 7 Stunden benötigt, was einer Durchschnittsgeschwindigkeit von ca. 12 $\frac{km}{h}$ für die gesamte Tour entspricht.

4. b) Weg-Zeit-Diagramm auf der Basis der errechneten Durchschnittsgeschwindigkeiten (Weg in km, Zeit in Stunden):

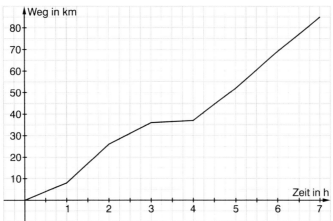

c) Folgender Tourbericht als Vorschlag:
„Als wir am Morgen starteten, war es noch ziemlich kühl. So war es uns allen recht, dass es zunächst leicht bergauf ging. Nach einer Stunde hatten wir gerade mal 8 km geschafft. Wir waren froh, in den 2 Stunden richtig touren zu können. Nachdem wir 28 km lang in die Pedale getreten hatten, empfanden wir die kräftige Mahlzeit im Landgasthof „Zum Radler" als eine Wohltat. Nach einer knappen Stunde ging es weiter. Es war ein milder Nachmittag geworden, sodass wir einen kleinen Umweg für die Rückfahrt einplanten. Ein gemütlicher Abend war die Belohnung für 3 Stunden „Streetwork" und fast 50 km durch eine herrliche Landschaft. Was für ein schöner Tag!"

Realistisches Weg-Zeit-Diagramm:

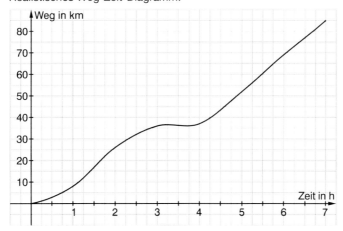

d) Man kann sich vorstellen, dass in der ersten und dritten Stunde bergauf gefahren wurde, was auch die relativ niedrigen Durchschnittsgeschwindigkeiten erklären würde. Deshalb ist es gut denkbar, dass in der zweiten Stunde bergab gefahren wurde und dabei Spitzengeschwindigkeiten erzielt wurden, die über der Etappendurchschnittsgeschwindigkeit von 18 $\frac{km}{h}$ lagen.

5. Durchschnittliche Änderungsraten auf beliebigen Intervallen

a) In [–3; 0]: $\frac{\Delta y}{\Delta x} = \frac{f(0) - f(-3)}{0 - (-3)} > 0$, in [0; 3]: $\frac{\Delta y}{\Delta x} = \frac{f(3) - f(0)}{3 - 0} < 0$
und in [3; 6]: $\frac{\Delta y}{\Delta x} = \frac{f(6) - f(3)}{6 - 3} > 0$

b) Wird das Intervall zur Berechnung der durchschnittlichen Änderungsraten zu groß gewählt, so entstehen ungenaue oder gar falsche Aussagen. Als Beispiel ermittelt man die Steigung für f(x) zwischen den Punkten P(–3 | f(–3)) und Q(4 | f(4)) mit 0, doch bleiben dabei die dazwischen vorhandenen negativen und positiven Steigungen verborgen.

c) Aussagekräftige Daten erhält man mit Teilintervallen, die kleiner als Δx = 0,5 sind.

6. Training

a) Durchschnittliche Änderungsrate:
in [0; 1]: 0,5
in [–1; 2]: 0,5

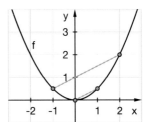

b) Durchschnittliche Änderungsrate:
in [–2; 2]: 4
in [1; 1,5]: 4,75

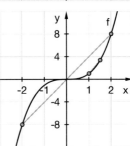

c) Durchschnittliche Änderungsrate:
in [–1; 1]: 0
in [–2; 1]: –1

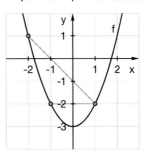

7. Rechnen am Graphen

Es gibt zwei Intervalle, in denen der Kurvenverlauf durch eine durchschnittliche Änderungsrate angemessen charakterisiert wird:

In [0,5; 2,5] mit $\frac{\Delta y}{\Delta x} = \frac{3,5 - 0,7}{2,5 - 0,5} = 1,4$ und in [4; 6] mit $\frac{\Delta y}{\Delta x} = \frac{2 - 3,8}{6 - 4} = -0,9$

8. *Alles verstanden?*
   (1) Die Aussage ist falsch. Als Gegenbeispiel verwenden wir die Funktion $f(x) = x^2$ und ermitteln die Steigung für $f(x)$ zwischen $P(-1 | f(-1))$ und $Q(2 | f(2))$ mit $m = 1$, doch bleiben dabei die dazwischen vorhandenen negativen Steigungen verborgen.
   (2) Die Aussage ist richtig. Denn $\frac{\Delta y}{\Delta x} = \frac{(a + 0{,}1)^2 - a^2}{a + 0{,}1 - a} = 2a + 0{,}1$ wird auch größer, wenn a größer wird.
   (3) Die Aussage ist richtig. Zum Beweis nehmen wir eine beliebige lineare Funktion $f(x) = mx + n$ und ein beliebiges Intervall $[a; b]$. Damit bilden wir den Differenzenquotienten: $\frac{f(b) - f(a)}{b - a} = \frac{mb + n - (ma + n)}{b - a} = \frac{m(b - a)}{b - a} = m$
   (4) Die Aussage ist falsch. Als Gegenbeispiel verwenden wir $f(x) = -\frac{1}{x}$ in $[1; 2]$. In diesem Intervall beträgt der Differenzenquotient $m = \frac{-0{,}5 - (-1)}{2 - 1} = 0{,}5$. Macht man nun das Intervall dadurch größer, dass man mit seiner rechten Grenze gegen ∞ geht, so geht m gegen null.

9. *Nachdenken und überprüfen*
   Linkes Schaubild: Der Näherungswert für die Steigung in b ist größer als derjenige für die Steigung in a. Grund: Der Graph wird in $[a; b]$ steiler, also nehmen die mittleren Steigungen dort zu.
   Beispiel für $f(x)$: mittlere Steigung in $[1; 1{,}5]$ ist 2,5 und in $[1{,}5; 2]$ ist sie 3,5.

   Rechtes Schaubild: Der Näherungswert für die Steigung in b ist kleiner als derjenige für die Steigung in a. Grund: Der Graph wird in $[a; b]$ flacher, also nehmen die mittleren Steigungen dort ab.
   Beispiel für $g(x)$: mittlere Steigung in $[1; 1{,}5]$ ist 0,45 und in $[1{,}5; 2]$ ist sie 0,38.

10. *Achterbahn*
    a) $\frac{\Delta y}{\Delta x} = \frac{f(a + h) - f(a)}{h}$; $h = 0{,}001$ liefert schon einen guten Näherungswert.
    Steigung in P_0: $\frac{f(0 + 0{,}001) - f(0)}{0{,}001} \approx 0{,}999$
    Steigung in P_1: $\frac{f(0{,}5 + 0{,}001) - f(0{,}5)}{0{,}001} \approx 0{,}875$
    Steigung in P_2: $\frac{f(1 + 0{,}001) - f(1)}{0{,}001} \approx 0{,}499$
    Steigung in P_3: $\frac{f(1{,}5 + 0{,}001) - f(1{,}5)}{0{,}001} \approx -0{,}125$
    Steigung in P_4: $\frac{f(2 + 0{,}001) - f(2)}{0{,}001} \approx -1{,}001$
    b) Da bei P_3 die kleinste Steigung vorliegt, befindet sich der höchste Punkt mit der Steigung Null vermutlich in der Umgebung von $x = 1{,}5$.
    Beispiel: Steigung in $x = 1{,}4$ ist $\frac{f(1{,}4 + 0{,}001) - f(1{,}4)}{0{,}001} \approx 0{,}019$
    c) Vermutlich liegt das größte Gefälle und die größte Steigung in den Nullstellen.

88

11. *Schafft das Geländeauto den Berg?*
   a) Wir ermitteln die Sekantensteigungen in den Teilintervallen von [0; 1].

Teilintervall (km)	[0; 0,2]	[0,2; 0,4]	[0,4; 0,6]	[0,6; 0,8}	[0,8; 1,0]
Δh (km)	0,032	0,05	0,06	0,05	0,03
Steigung (%)	16	25	30	25	15

   Die größte Steigung besteht mit 30 % im Intervall [0,4; 0,6]. Vermutlich kann das Auto die Steigung bewältigen, weil bei technischen Angaben meistens auch noch eine Sicherheitstoleranz gegeben ist (bspw. 30 % + 2 % bis 3 %).
   b) Die Funktion modelliert das Bergprofil sehr gut.
   c) Man kann jetzt genauer erkennen, dass bei x = 0,5 km die größte Steigung mit 30 % besteht. Grund: In [4,5; 5,5] hat die mittlere Steigung den Wert 0,299. Somit kann man sicher sein, dass das Auto sie schafft.

12. *Klippenspringen*
Angenäherte Momentangeschwindigkeit im Moment des Auftreffens
(aus h (t) = 0 = 28 − 5t^2) auf dem Wasser:
$$v = \frac{h(2,36 + 0,001) - h(2,36)}{0,001} \frac{m}{s} \approx -23,6 \frac{m}{s} \approx -85 \frac{km}{h}$$
Ja, die Angaben im Zeitungsartikel stimmen. Gründe:
- Aufgrund der Formulierung: „… von bis zu 90 $\frac{km}{h}$ …"
- h (t) ist ein Modell für die Flugkurve. Z. B. kann der Springer in der Realität auch von 28,5 m Höhe abspringen.

Alternativ kann man v auch mit v = −gt berechnen:
$$v = -9,81 \frac{m}{s^2} \cdot 2,36 \text{ s} = -23,15 \frac{m}{s}$$

89

13. *Forschungsauftrag 1*
   a) Die angegebene Funktion entspricht dem abgebildeten Graphen.
   b) Im ersten und dritten markierten Punkt verschwindet die Steigung, im zweiten Punkt hat der Graph vermutlich die größte negative Steigung.
   c) Der erste Punkt soll H, der zweite W und der dritte T heißen. Zur Berechnung des Näherungswertes der Steigung in den Punkten wendet man wieder die „h-Methode" an mit h = 0,001:
   $$m_H = \frac{f(x_H + h) - f(x_H)}{(x_H + h) - x_H} = \frac{f(0 + 0,001) - f(0)}{(0 + 0,001) - 0} = \frac{2,999997 - 3}{0,001} = -0,003 \approx 0$$
   $$m_W = \frac{f(x_W + h) - f(x_W)}{(x_W + h) - x_W} = \frac{f(1 + 0,001) - f(1)}{(1 + 0,001) - 1} = \frac{0,997 - 1}{0,001} = -3$$
   $$m_T = \frac{f(x_T + h) - f(x_T)}{(x_T + h) - x_T} = \frac{f(2 + 0,001) - f(2)}{(2 + 0,001) - 2} = \frac{-0,999997 - (-1)}{0,001} = 0,003 \approx 0$$

89

14. *Forschungsauftrag 2*

a)

h	f(x) = x^4		f(x) = $\sqrt{x}$	
	a = 1	a = 2	a = 1	a = 2
0,01	4,060401	32,240801	0,498756211	0,353112550
0,001	4,006004001	32,02400800	0,499875062	0,353509207
0,0001	4,00060004	32,00240008	0,499987501	0,35355295
0,00001	4,00006	32,00024	0,49999875	0,35355295
h → 0	4	32	0,5	?

h	f(x) = $2x - x^2$		f(x) = 2^x	
	a = 1	a = 2	a = 1	a = 2
0,01	−0,01	−2,01	1,391110011	2,782220022
0,001	−0,001	−2,001	1,386774925	2,773549850
0,0001	−0,0001	−2,0001	1,386342408	2,772684815
0,00001	−0,00001	−2,00001	1,38629917	2,77259833
h → 0	0	−2	?	?

Skizzen zu den Graphen:

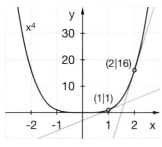
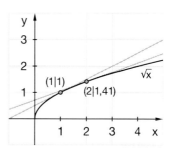
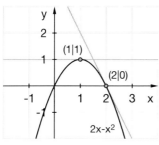
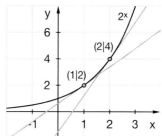

b) Man erhält bei Annäherung von links die gleichen „Grenzwerte".

15. *Forschungsauftrag 3*

a)/b) Für h → 0 (von links und von rechts) nähert sich die Sekante durch P und Q einer gemeinsamen Grenzlage, der Tangente von f in P.
P ist dann der Berührpunkt.

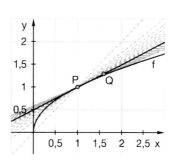

91

16. *Genaues Bestimmen von Steigungen*

h	$f(x) = x^2 - 2x + 1$ $a = 1$ $\frac{f(x+h) - f(x)}{h}$	$f(x) = x^3 + 2$ $a = 1$ $\frac{f(x+h) - f(x)}{h}$	$f(x) = \sqrt{x}$ $a = 3$ $\frac{f(x+h) - f(x)}{h}$	$f(x) = 2^x$ $a = 0$ $\frac{f(x+h) \, f(x)}{h}$	$f(x) = x^4 - 2x^3$ $a = 1$ $\frac{f(x+h) - f(x)}{h}$
0,1	0,100000	3,310000	0,286309	0,717735	−1,979000
0,01	0,010000	3,030100	0,288435	0,695555	−1,999799
0,001	0,001000	3,003001	0,288651	0,693387	−1,999998
0,0001	0,000100	3,000300	0,288673	0,693171	−2,000000
0,00001	0,000010	3,000030	0,288675	0,693150	−2,000000
0,000001	0,000001	3,000003	0,288675	0,693147	−2,000000
0,0000001	0,000000	3,000000	0,288675	0,693147	−2,000000
bester Näherungswert	0	3	?	?	−2

17. *Näherungswerte für Steigungen*

Wir bilden zuerst den Grenzwert des Differenzenquotienten:

$$\lim_{h \to 0} \frac{f(x+h) - f(x)}{h} = \lim_{h \to 0} \frac{(x+h)^3 - x^3}{h} = 3x^2 \Rightarrow m(1) = 3 \text{ und } m(-1) = 3$$

Die Funktion $f(x) = x^3$ hat an beiden Stellen die gleiche Steigung, die beiden Tangenten an den Graphen sind also parallel. Das erklärt sich auch mit der Punktsymmetrie des Graphen zum Ursprungspunkt.

18. *Momentane Änderungsraten vergleichen*

Funktion	$f_1(x) = x^2$	$f_2(x) = x^3$	$f_3(x) = x^4$
	$f_1\left(\frac{1}{2}\right) = \frac{1}{4}$	$f_2\left(\frac{1}{2}\right) = \frac{1}{8}$	$f_3\left(\frac{1}{2}\right) = \frac{1}{16}$
Differenzenquotient $m\left(\frac{1}{2}\right)$	$\frac{\left(\frac{1}{2}+h\right)^2 - \left(\frac{1}{2}\right)^2}{h}$	$\frac{\left(\frac{1}{2}+h\right)^3 - \left(\frac{1}{2}\right)^3}{h}$	$\frac{\left(\frac{1}{2}+h\right)^4 - \left(\frac{1}{2}\right)^4}{h}$
$\lim_{h \to 0} m\left(\frac{1}{2}\right)$	1	$\frac{3}{4}$	$\frac{1}{2}$
	$f_1(1) = 1$	$f_2(1) = 1$	$f_3(1) = 1$
Differenzenquotient $m(1)$	$\frac{(1+h)^2 - 1^2}{h}$	$\frac{(1+h)^3 - 1^3}{h}$	$\frac{(1+h)^4 - 1^4}{h}$
$\lim_{h \to 0} m(1)$	2	3	4

Für $a = \frac{1}{2}$ nehmen die momentanen Änderungsraten mit wachsendem Exponenten ab. Das liegt daran, dass für $|a| < 1$ der Wert der Potenzzahl mit wachsendem Exponenten kleiner wird. Oder: Mit wachsendem Exponenten wächst die Potenzfunktion mit $a = \frac{1}{2}$ langsamer.
Für $a = 1$ nehmen die momentanen Änderungsraten mit wachsendem Exponenten zu. Das heißt: Mit wachsendem Exponenten wächst die Potenzfunktion mit $a = 1$ schneller.

19. *Fuchspopulation*

a) Anzahl der Füchse: $f(t) = 300 + 200 \cdot \sin(t)$, t: Zeit (in Jahren)

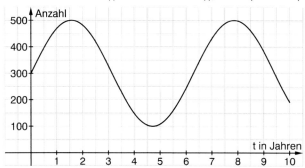

Die Fuchspopulation wächst besonders stark im 7. Jahr und fällt besonders stark im 4. Jahr und im 10. Jahr. Sie ändert sich nur wenig in den Zwischenräumen. Man kann erkennen, dass sich die Population periodisch mit einer Periodendauer von sechs Jahren verändert.

b) $d(t) = \dfrac{f(t) - f(1)}{t - 1}$ (d(t) auf ganze Zahl gerundet)

t (Jahr)	0,90	0,91	0,92	0,93	0,94	0,95	0,96	0,97
d(t)	116	115	115	114	113	112	111	111

t (Jahr)	0,98	0,99	1,00	1,01	1,02	1,03	1,04	1,05
d(t)	110	109	–	107	106	106	105	104

t (Jahr)	1,06	1,07	1,08	1,09	1,10
d(t)	103	102	101	100	99

c) Der Rechner zeigt bei d(1) eine Fehlermeldung an, weil die Division durch Null nicht zulässig ist. Berechnung der momentanen Änderungsrate für t = 1:

h	$\dfrac{f(1+h) - f(1)}{h}$
0,1	99,472751
0,01	107,217196
0,001	107,976296
0,0001	108,052046
0,00001	108,059620
0,000001	108,060377
0,0000001	108,060453
0,00000001	108,060459

$\lim\limits_{h \to 0} \dfrac{f(1+h) - f(1)}{h} = 108{,}06046$

(letzte Ziffer gerundet)

Die momentane Änderungsrate der Fuchspopulation beträgt im ersten Jahr 108 Füchse pro Jahr.

20. Steigung einer Funktion an einer Stelle schnell ermittelt

a) $f(x) = x^2$; $a = 3$

$$\frac{\Delta y}{\Delta x} = \frac{f(3+h) - f(3)}{3+h-3} = \frac{9 + 6h + h^2 - 9}{h} = 6 + h \Rightarrow \lim_{h \to 0} \frac{\Delta y}{\Delta x} = 6$$

Wert des Differenzenquotienten für $h = 0{,}000001$: $\frac{\Delta y}{\Delta x} = 6{,}000001$

b) $f(x) = x^2 + 4x$; $a = 2$

$$\frac{\Delta y}{\Delta x} = \frac{f(2+h) - f(2)}{2+h-2} = \frac{(2+h)^2 + 4(2+h) - (2^2 + 4 \cdot 2)}{h} = \frac{8h + h^2}{h} = 8 + h \Rightarrow \lim_{h \to 0} \frac{\Delta y}{\Delta x} = 8$$

Wert des Differenzenquotienten für $h = 0{,}000001$: $\frac{\Delta y}{\Delta x} = 8{,}000001$

c) $f(x) = x^2$; $a = \sqrt{3}$

$$\frac{\Delta y}{\Delta x} = \frac{f(\sqrt{3}+h) - f(\sqrt{3})}{\sqrt{3}+h-\sqrt{3}} = \frac{(\sqrt{3}+h)^2 - (\sqrt{3})^2}{h} = \frac{h \cdot (2\sqrt{3} + h)}{h} = 2\sqrt{3} + h$$

$$\Rightarrow \lim_{h \to 0} \frac{\Delta y}{\Delta x} = 2\sqrt{3} \approx 3{,}464102$$

Wert des Differenzenquotienten für $h = 0{,}000001$: $\frac{\Delta y}{\Delta x} = 3{,}464103$

d) $f(x) = 3x^2$; $a = 1$

$$\frac{\Delta y}{\Delta x} = \frac{f(1+h) - f(1)}{1+h-1} = \frac{3(1+h)^2 - 3 \cdot 1^2}{h} = \frac{3 \cdot h \cdot (2 \cdot 1 + h)}{h} = 3(2 + h) \Rightarrow \lim_{h \to 0} \frac{\Delta y}{\Delta x} = 6$$

Wert des Differenzenquotienten für $h = 0{,}000001$: $\frac{\Delta y}{\Delta x} = 6{,}000003$

e) $f(x) = x^2 - 2x + 1$; $a = 1$

$$\frac{\Delta y}{\Delta x} = \frac{f(1+h) - f(1)}{1+h-1} = \frac{((1+h)^2 - 2(1+h) + 1) - (1^2 - 2 \cdot 1 + 1)}{h} = \frac{0 \cdot h + h^2}{h} = h$$

$$\Rightarrow \lim_{h \to 0} \frac{\Delta y}{\Delta x} = \lim_{h \to 0} h = 0$$

Wert des Differenzenquotienten für $h = 0{,}000001$: $\frac{\Delta y}{\Delta x} = 0{,}000001$

f) $f(x) = x^3$; $a = 1$

$$\frac{\Delta y}{\Delta x} = \frac{f(1+h) - f(1)}{1+h-1} = \frac{(1^3 + 3 \cdot 1^2 \cdot h + 3 \cdot 1 \cdot h^2 + h^3) - 1^3}{h} = \frac{h(3 + 3 \cdot h + h^2)}{h} = 3 + 3 \cdot h + h^2$$

$$\Rightarrow \lim_{h \to 0} \frac{\Delta y}{\Delta x} = 3$$

Wert des Differenzenquotienten für $h = 0{,}000001$: $\frac{\Delta y}{\Delta x} = 3{,}000003$

21. Wo die „h-Methode" versagt

a) $f(x) = 3^x$; $a = 1$

Differenzquotient für $h = 0{,}000001$: $\frac{\Delta y}{h} = \frac{3^{1+0{,}000001} - 3}{0{,}000001} = 3{,}29583$

Für die Limesbildung des Differenzenquotienten müsste man eine Möglichkeit finden, h im Nenner zu eliminieren.

$$\frac{\Delta y}{\Delta x} = \frac{f(1+h) - f(1)}{1+h-1} = \frac{3^{1+h} - 3^1}{h} = \frac{3(3^h - 1)}{h} = 3 \cdot \frac{3^h - 1}{h}$$

Es bleibt hier nur noch, den Wert des Differentialquotienten über die Limesbildung mit sukzessiv kleiner werdendem h zu finden.

b) $f(x) = \sin(x)$; $a = \frac{\pi}{4}$

Differenzquotient für $h = 0{,}000001$:

$$\frac{\Delta y}{h} = \frac{\sin(1 + 0{,}000001) - \sin(1)}{0{,}000001} = 0{,}54030$$

Sinngemäß gilt hier das gleiche wie bei Teil a). Für die Limesbildung des Differenzenquotienten müsste man eine Möglichkeit finden, h im Nenner zu eliminieren.

Kopfübungen

1 Brüche mit 3; 4 usw. erweitern und nach dazwischenliegenden Zahlen suchen:
z. B. $\frac{3}{8}$; $\frac{4}{12}$; $\frac{5}{12}$; …

2 a) $y = 37{,}3 \cdot x$
b) $1000 = 37{,}3 \cdot x \;\Rightarrow\; x = 1000 : 37{,}3 \approx 1000 : 40 = 25$, d. h. etwas mehr als 25 g.

3 $\beta = 60°$; $\gamma = 30°$; $\delta = 150°$; $\varepsilon = 120°$

4 $(1 - 0{,}2) \cdot (1 - 0{,}7) = 0{,}24 = 24\,\%$

22. *Tangente an eine Kurve*
a) Die Tangente durch einen Punkt P auf dem Rand des einen Kreises mit dem Mittelpunkt A und dem Radius $r = \overline{AP}$ steht senkrecht auf $\overline{AP}$. Sie ist mit Zirkel und Lineal konstruierbar, gemäß einer Grundaufgabe für Konstruktionen, nämlich der Errichtung einer Senkrechten in einem Punkt auf einer Geraden.
Definition „Tangente am Kreis": Eine Tangente am Kreis in einem Berührpunkt P ist also die Gerade, die senkrecht auf dem Radius steht, der P mit dem Kreismittelpunkt verbindet.
b) Die Tangente durch einen Punkt P eines beliebigen Graphen ist deshalb nicht auf ähnliche Weise leicht konstruierbar, weil der Graph durch P in der Regel nicht Teil eines Kreisbogens ist. Man müsste zuerst den Radius eines Kreises finden, der dem Graphen in der unmittelbaren Umgebung von P gleicht.
c) Zuerst wird der Grenzwert des Differenzenquotienten für $f(x) = x^2$ an der Stelle $x = 2$ ermittelt:
$$\lim_{h \to 0} \frac{f(x+h) - f(x)}{h} = \lim_{h \to 0} \frac{(2+h)^2 - 2^2}{h} = \lim_{h \to 0} \frac{h(4+h)}{h} = 4$$
Das heißt, die Tangentensteigung ist $m = 4$. Die Koordinaten des Punktes $P(2 \mid 4)$ und $m = 4$ setzen wir ein in die allgemeine Geradengleichung $y = mx + b$, um b zu bestimmen. Man erhält $b = -4$ und für die Tangentengleichung $y = 4x - 4$.
d) Mögliche Definition für die „Tangente an den Graphen von f im Punkt P":
Sie ist die einzige Gerade durch P mit der gleichen Steigung wie die Steigung des Graphen in P.

94

23. *Existenz des Grenzwerts*

a) Es ist offensichtlich nicht möglich, genau eine Tangente zu finden. Je nachdem, von welcher Seite man sich dem Punkt P(2|0) nähert, ergeben sich verschiedene Lösungen.

b) Grenzwert des Differenzenquotienten bei Annäherung an (2|0) von links:

$$\lim_{h\to 0} \frac{|4-2^2|-|4-(2-h)^2|}{2-(2-h)} = \lim_{h\to 0} \frac{0-|4-(4-4h+h^2)|}{h} = \lim_{h\to 0} \frac{-h(4-h)}{h}$$

$$= \lim_{h\to 0} -4+h \Rightarrow m_l = -4$$

Grenzwert des Differenzenquotienten bei Annäherung an (2|0) von rechts:

$$\lim_{h\to 0} \frac{|4-(2+h)^2|-|4-2^2|}{(2+h)-2} = \lim_{h\to 0} \frac{|-(4h+h^2)|}{h} = \lim_{h\to 0} \frac{4h+h^2}{h} = \lim_{h\to 0} 4+h \Rightarrow m_r = 4$$

Wenn Graphen in einem Punkt einen Knick haben, gibt es in diesem Punkt mehr als eine Tangente. Genau eine Tangente in einem Punkt zu haben, setzt voraus, dass der Graph hier „glatt" ist.

24. *Der Taschenrechner spielt verrrückt beim Grenzwert*

a) Differenzenquotient an der Stelle x = 1,5: $\frac{f(1,5+h)-f(1,5)}{h} = m(1,5)$

Berechnung für h = 10^{-2} bis 10^{-20}:

h	$\frac{f(1,5+h)-f(1,5)}{h}$
0,01	3,01000000000000000000
0,001	3,00099999999981000000
0,0001	3,00010000000128000000
0,00001	3,00001000002048000000
0,000001	3,00000099962006000000
0,0000001	3,00000010167167000000
0,00000001	2,99999998176759000000
0,000000001	3,00000024822111000000
1E-10	3,00000024822111000000
1E-11	3,00000024822111000000
1E-12	3,00026670174702000000
1E-13	2,99760216648792000000
1E-14	3,01980662698042000000
1E-15	3,55271367880050000000
1E-16	0,00000000000000000000
1E-17	0,00000000000000000000
1E-18	0,00000000000000000000
1E-19	0,00000000000000000000
1E-20	0,00000000000000000000

Der Rechner ist hier nur bis h = 0,0000001 benutzbar.

94   **24.**   b)   Differenzenquotient an der Stelle $x = \sqrt{2}$: $\frac{f(\sqrt{2} + h) - f(\sqrt{2})}{h} = m(\sqrt{2})$

h	$\frac{f(\sqrt{2} + h) - f(\sqrt{2})}{h}$
0,01	2,83842000000001000000
0,001	2,82941999999986000000
0,0001	2,82852000000222000000
0,00001	2,82843000003474000000
0,000001	2,82842099985636000000
0,0000001	2,82842010257411000000
0,00000001	2,82841998711092000000
0,000000001	2,82842016474660000000
1E-10	2,82841972065739000000
1E-11	2,82842638199554000000
1E-12	2,82862622213997000000
1E-13	2,82662782069565000000
1E-14	2,81996648254790000000
1E-15	3,10862446895044000000
1E-16	0,00000000000000000000
1E-17	0,00000000000000000000
1E-18	0,00000000000000000000
1E-19	0,00000000000000000000
1E-20	0,00000000000000000000

Der Rechner ist hier nur bis h = 0,00001 benutzbar.

c) $\lim\limits_{h \to 0} m(1{,}5) = 3$ und $\lim\limits_{h \to 0} m(\sqrt{2}) = 2{,}82843 = 2\sqrt{2}$

4.3 Von der Sekantensteigungsfunktion zur Ableitungsfunktion

95 1. *Pistenraupen*
a) Man kann die Steigungen an den steilsten Stellen abschätzen, indem man sie mit der mittleren Steigung in einem geeigneten Intervall berechnet:
größte Steigung von der Mulde bis zur Aspitze vermutlich in [–1; –0,5]:
$\frac{\Delta y}{\Delta x} = \frac{1 - 1{,}25}{-0{,}5 - (-1)} = \frac{-0{,}25}{0{,}5} = -0{,}5 \cong -50\ \%$
größte Steigung von der Mulde bis zum Bhorn vermutlich in [0,5; 1,5]:
$\frac{\Delta y}{\Delta x} = \frac{2{,}1 - 1{,}25}{1{,}5 - 0{,}5} = \frac{0{,}85}{1} = 0{,}85 \cong 85\ \%$
Vermutlich schafft nur Pistenraupe A alle Steigungen. Pistenraupe B kann vermutlich bis zur Aspitze hochfahren, aber bis zum Bhorn schafft sie es nicht. Sie kann nur bis zu einer Höhe von ca. 300 m hochfahren (gerechnet von der Mulde). Pistenraupe C schafft weder die Aspitze noch das Bhorn. Fährt sie zur Aspitze, muss sie bei ca. 300 m Höhe umkehren.

b) Vermutlich größte Steigungen an den Stellen x = –1 und x = 1:
$\frac{f(-1 - 0{,}001) - f(-1)}{-0{,}001} \approx -0{,}52 \cong -52\ \%$ und $\frac{f(1 + 0{,}001) - f(1)}{0{,}001} \approx 0{,}92 \cong 92\ \%$
Die gewonnenen Werte der Steigungen bestätigen die obigen Vermutungen.

c)

Abstand vom Tal	–2,0	–1,8	–1,6	–1,4	–1,2	–1,0
Steigung (in %)	32,7	–4,8	–30,6	–46	–52,3	–50,9

Abstand vom Tal	–0,8	–0,6	–0,4	–0,2	0,0	0,2
Steigung (in %)	–43,1	–30,3	–13,7	5,1	25	44,5

Abstand vom Tal	0,4	0,6	0,8	1,0	1,2	1,4
Steigung (in %)	62,4	77,3	87,7	92,5	90,2	79,5

Abstand vom Tal	1,6	1,8	2,0
Steigung (in %)	59,1	27,6	–16,4

96 2. *Geschwindigkeitsgraphen bei Füllkurven*
a) Der Füllgraph B beschreibt gut den Anstieg der Flüssigkeitshöhe, die zuerst schneller ansteigt und dann allmählich langsamer. Der Geschwindigkeitsgraph C passt zu dem anfänglich schnelleren Anstieg der Flüssigkeitshöhe, welcher sich dann stetig verlangsamt.
b) Modellfunktion $h(t) = 6{,}5 \cdot \sqrt[3]{t}$

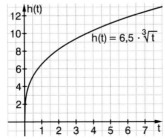

96 2. b) Fortsetzung

t (s)	0	1	2	3	4	5	6
h (cm) gemessen	0	6,5	8,2	9,4	10,3	11,1	11,8
h (cm) berechnet	0	6,5	8,2	9,4	10,3	11,1	11,8

(Die berechneten Werte sind auf eine Nachkommastelle gerundet.)

c) Schüleraktivität.

d)

h	0,5	1	1,5	2	2,5	3
0,1	3,233	2,098	1,618	1,343	1,161	1,030
0,01	3,417	2,159	1,650	1,363	1,175	1,040
0,001	3,437	2,166	1,653	1,365	1,176	1,042
0,00000001	3,439	2,167	1,653	1,365	1,176	1,042

h	3,5	4	4,5	5	5,5	6
0,1	0,931	0,853	0,789	0,736	0,691	0,653
0,01	0,939	0,859	0,794	0,740	0,695	0,656
0,001	0,940	0,860	0,795	0,741	0,695	0,656
0,00000001	0,940	0,860	0,795	0,741	0,695	0,656

Mit kleiner werdendem h liegen die nachfolgenden Graphen jeweils über den vorhergehenden Graphen. Aber offensichtlich gibt es einen Grenzgraphen, was man an den Werten für h = 0,00000001 erkennen kann.

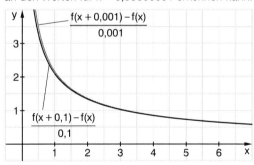

98 3. *Funktionen und ihre Sekantensteigungsfunktionen*

a)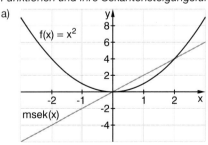

b)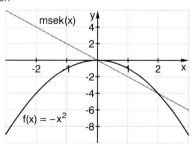

3.

c)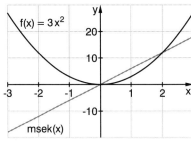

d)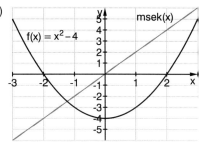

e)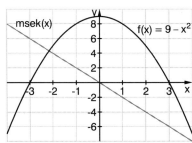

f)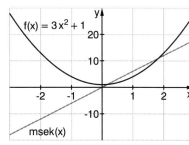

g)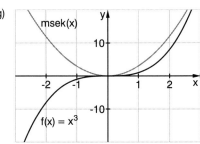

h)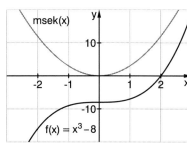

Man erkennt anhand der Diagramme, dass der Grad der Sekantensteigungsfunktion jeweils um 1 niedriger ist als der Grad der quadratischen bzw. kubischen Funktion. Dieser Zusammenhang wird verständlich, wenn man sich die Herleitung der Sekantensteigungsfunktionen mit der h-Methode vergegenwärtigt.
Alle quadratischen Funktionen haben also gleiche oder ähnliche Graphen für ihre Sekantensteigungsfunktionen, nämlich Geraden. Ihre Steigung wird von der Vorzahl des x^2-Terms der Funktion bestimmt. Kubische Funktionen haben eine Parabel als Sekantensteigungsfunktion. Absolute Zahlen in der Funktionsgleichung haben keinen Einfluss auf die Sekantensteigungsfunktion.

4. *Sekantensteigungsfunktionen und die zugehörigen Funktionen*
  a) $y(x) = 2^x$
  b) $y(x) = x^2$ für $x \in [0, \infty[$
  c) $y(x) = \sqrt{x}$
  d) $y(x) = \frac{1}{x}$ für $x \in \,]0, \infty[$

98

5. *Eine Bakterienkultur*
   a)/b) Die Bakterienzahl wächst anfangs offensichtlich exponentiell. Nach ca. 1,5 Minuten fängt sie an, langsamer zu wachsen, um dann nach ca. 3 Minuten bei einer Bakterienzahl von 10 000 pro ml ganz mit dem Wachstum aufzuhören.

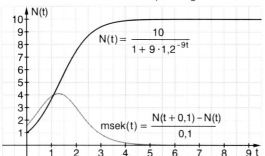

$$N(t) = \frac{10}{1 + 9 \cdot 1{,}2^{-9t}}$$

$$m_{sek}(t) = \frac{N(t+0{,}1) - N(t)}{0{,}1}$$

6. *Halfpipe*
   a) Die Funktionsgleichung beschreibt im IV. Quadranten den Bogen eines Viertelkreises mit dem Radius r = 4 und dem Mittelpunkt M(0|0).
   Herleitung der Funktionsgleichung:
   Wir wählen einen Punkt P(x|y) auf dem Graphen. Die Strecke, die P mit dem Mittelpunkt des Kreises verbindet, ist der Kreisradius r = 4 m. Diese Strecke ist die Hypotenuse in dem rechtwinkligen Dreieck, dessen Katheten die Koordinaten von P sind.
   Nach dem Satz des Pythagoras gilt $r^2 = x^2 + y^2$. Mit r = 4 ergibt die Auflösung nach y dann $y = -\sqrt{16 - x^2}$ = Hp(x), x ∈ [0; 4]. Das Minuszeichen ist erforderlich, weil der Graph von y im IV. Quadranten verläuft.
   Berechnung der Sekantensteigungsfunktion mit der h-Methode:
   Wir bilden den Differenzenquotient

   $$m_s = \frac{f(x+h) - f(x)}{h} = \frac{-\sqrt{16 - (x+h)^2} - (-\sqrt{16 - x^2})}{h}.$$

   Der Bruch wird erweitert mit $+\sqrt{16 - (x+h)^2} + \sqrt{16 - x^2}$, sodass im Zähler die 3. binomische Formel angewendet werden kann:

   $$m_s = \frac{-(\sqrt{16 - (x+h)^2})^2 + (\sqrt{16 - x^2})^2}{h(\sqrt{16 - (x+h)^2} + \sqrt{16 - x^2})} = \frac{2xh + h^2}{h(\sqrt{16 - (x+h)^2} + \sqrt{16 - x^2})}$$

   $$= \frac{2x}{\sqrt{16 - (x+h)^2} + \sqrt{16 - x^2}}$$

   Mit h → 0 erhalten wir $m_{sek}(x) = \frac{x}{\sqrt{16 - x^2}}$.

   Im nachfolgenden Diagramm sind die Halfpipe-Funktion Hp(x) und ihre Sekantensteigungsfunktion msek(x) für den Viertelkreis auf der rechten Seite der Bahn (x ∈ [0; 4]) eingezeichnet. Die anfängliche Steigung vom Wert Null wächst im Flat- und Transition-Bereich langsam an. Im Vert-Bereich nimmt sie rapide zu und ist an dessen Ende nicht mehr definiert.

98

6. b) Das zur Halfpipe Hp(x) alternative Rampenprofil (1) $Ra1(x) = \frac{1}{4}x^2 - 4$ und die zugehörige Sekantensteigungsfunktion $msek_1(x)$:

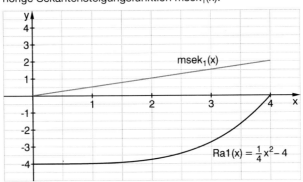

Fahrgefühl: Wenig Spaß wegen konstanter Steigung

Das zur Halfpipe Hp(x) alternative Rampenprofil (2) $Ra2(x) = \frac{1}{64}x^4 - 4$ und die zugehörige Sekantensteigungsfunktion $msek_2(x)$:

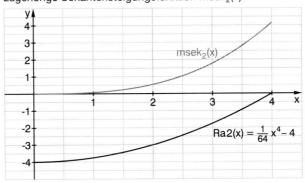

Fahrgefühl: Skater fällt beinahe in den „Flat" hinein. Dann gibt es fast keinen Übergangsbereich (= „Transition").

99

7. *Genaueres zur Sekantensteigungsfunktion*
   a) $f(x) = 3x^2$

x	$msek_h(x)$ h = 0,1	$msek_h(x)$ h = 0,001	$msek_h(x)$ h = 0,00001	Grenzwert h → 0
−3	−17,7	−17,997	−17,99997	−18
−2	−11,7	−11,997	−11,99997	−12
−1	−5,7	−5,997	−5,99997	−6
0	0,3	0,003	0,00003	0
1	6,3	6,003	6,00003	6
2	12,3	12,003	12,00003	12
3	18,3	18,003	18,00003	18

Für h → 0 gilt: $msek_h(x) \to msek(x) = 6x$

b) Beobachtungen: Die $msek_h$ verlaufen parallel und gehen über in eine Grenzgerade, die die Steigung der Tangente an f in $x = x_0$ angibt.

7. c) $g(x) = \frac{1}{3}x^3$

x	msek$_h$(x) h = 0,1	msek$_h$(x) h = 0,001	msek$_h$(x) h = 0,00001	Grenzwert h → 0
–3	8,7	8,997	8,99997	9
–2	3,8	3,998	3,99998	4
–1	0,9	0,999	0,99999	1
0	0,0	0,000	–0,00000	0
1	1,1	1,001	1,00001	1
2	4,2	4,002	4,00002	4
3	9,3	9,003	9,00003	9

Für h → 0 gilt: msek$_h$(x) → msek(x) = x^2

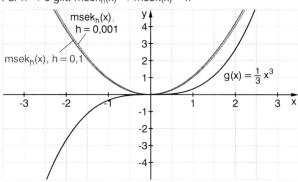

8. *Funktionen und ihre Ableitungsfunktion*
a) f'(x) = x b) f'(x) = –2x c) f'(x) = 2x + 2
d) f'(x) = 18x^2 e) f'(x) = 3x^2 – 2

9. *Sinus und Kosinus und ihre Ableitungsfunktion*
a) Wir legen zuerst eine Tabelle gemäß Beispiel C auf Seite 100 im Schülerband an, aber wir beschränken uns dabei auf das Intervall [0; π].

Markante Punkte P(x|sin(x))	msek(x) mit h = 0,01	msek(x) mit h = 0,001	f'(x) = Grenzwert msek(x) für h → 0	cos(x)
(0|0)	1,000	1,000	1,000	1
$\left(\frac{\pi}{4}\middle\|0,7\right)$	0,704	0,707	0,707	0,707
$\left(\frac{\pi}{2}\middle\|1\right)$	–0,004	0,000	0,000	0
$\left(\frac{3\pi}{4}\middle\|0,7\right)$	–0,710	–0,707	–0,707	–0,707
(π|0)	–1,000	–1,000	–1,000	–1

Man kann jetzt sehen, dass die f'(x)-Werte exakt von der Funktion cos(x) geliefert werden. Der Steigungsgraph zur Funktion f(x) = sin(x) wird durch f'(x) = cos(x) beschrieben.

9. b) Man kann vermuten, dass die Ableitungsfunktion von f(x) = cos(x) die Funktion f'(x) = –sin(x) ist. Um das zu bestätigen, berechnen wir die Tabelle aus Teilaufgabe a) noch einmal neu für f(x) = cos(x):

Markante Punkte P(x|cos(x))	msek(x) mit h = 0,01	msek(x) mit h = 0,001	f'(x) = Grenzwert msek(x) für h → 0	–sin(x)
(0|0)	–0,001	–0,001	–0,000	0
$(\frac{\pi}{4}\|0,7)$	–0,704	–0,707	–0,707	–0,707
$(\frac{\pi}{2}\|1)$	–0,999	–0,999	–1,000	–1
$(\frac{3\pi}{4}\|0,7)$	–0,710	–0,706	–0,707	–0,707
(π|0)	0,001	0,000	0,000	0

10. *Verwandte Kurven?*

a) f(0) = g(0) = 1; $f\left(-\frac{\pi}{2}\right) = g\left(-\frac{\pi}{2}\right) = 0 = f\left(\frac{\pi}{2}\right) = g\left(\frac{\pi}{2}\right)$

b)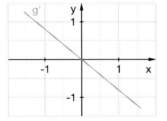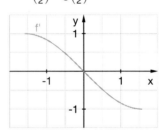

Vermutungen:
f'(x) = –sin(x);
g'(x): Gerade

Die Steigung der Parabel g nimmt konstant ab, die Steigung der Kosinusfunktion f dagegen nicht. Die „Ableitung der Ableitung" ist bei f wohl wieder eine Kosinusfunktion (–cos(x)), bei g eine Parallele zur x-Achse.

101

11. *Ein algebraisches Verfahren zur Berechnung der Ableitungsfunktion*
    a) Schüleraktivität.
    b) Ermittlung der Ableitungsfunktion mit der „h-Methode":

    (1) $\text{msek}(x) = \dfrac{f_1(x+h) - f_1(x)}{h} = \dfrac{(x+h)^2 + 4 - (x^2 + 4)}{h} = \dfrac{2xh + h^2}{h} = 2x + h$

    $\Rightarrow f_1'(x) = \lim\limits_{h \to 0}(2x + h) = 2x$

    (2) $\text{msek}(x) = \dfrac{(x+h)^2 + 4(x+h) - (x^2 + 4x)}{h} = \dfrac{2xh + h^2 + 4h}{h} = 2x + h + 4$

    $\Rightarrow f_2'(x) = \lim\limits_{h \to 0}(2x + h + 4) = 2x + 4$

    (3) $\text{msek}(x) = \dfrac{3(x+h)^2 - 3x^2}{h} = \dfrac{6xh + h^2}{h} = 6x + h$

    $\Rightarrow f_3'(x) = \lim\limits_{h \to 0}(6x + h) = 6x$

    (4) $\text{msek}(x) = \dfrac{(x+h)^2 - 2(x+h) + 1 - (x^2 - 2x + 1)}{h} = \dfrac{2xh + h^2 - 2h}{h} = 2x + h - 2$

    $\Rightarrow f_4'(x) = \lim\limits_{h \to 0}(2x + h - 2) = 2x - 2$

    (5) $\text{msek}(x) = \dfrac{(x+h)^3 - x^3}{h} = \dfrac{3x^2h + 3xh^2 + h^3}{h} = 3x^2 + 3xh + h^2$

    $\Rightarrow f_5'(x) = \lim\limits_{h \to 0}(3x^2 + 3xh + h^2) = 3x^2$

    (6) $\text{msek}(x) = \dfrac{3^{x+h} - 3^x}{h} = \dfrac{3^x(3^h - 1)}{h}$

    Hier lässt sich $\lim\limits_{h \to 0} \dfrac{3^h - 1}{h}$ algebraisch nicht weiter vereinfachen bzw. berechnen, Zähler und Nenner streben beide gegen 0.

12. *Lücken in der Ableitungsfunktion*
    a) Die linksseitige Ableitungsfunktion von $f(x) = |x|$ ist $f'(x) = -1$ für $x \leq 0$, die rechtsseitige ist $f'(x) = 1$ für $x \geq 0$. Das heißt, für $\lim\limits_{x \to 0} f'(x)$ ergeben sich für die beiden Funktionszweige verschiedene Werte, nämlich -1 links und $+1$ rechts.

    b) Man kann für $f(x) = |4 - x^2|$ schreiben:

    $f(x) = \begin{cases} -(4 - x^2) & \text{für } x < -2 \\ 4 - x^2 & \text{für } -2 \leq x \leq 2 \\ -(4 - x^2) & \text{für } x > 2 \end{cases}$

    Auch die Ableitungsfunktion setzt sich aus drei Teilen zusammen:

    $f'(x) = \begin{cases} 2x & \text{für } x < -2 \\ -2x & \text{für } -2 < x < 2 \\ 2x & \text{für } x > 2 \end{cases}$

    Die Definitionslücken der Ableitungsfunktion liegen bei $x = -2$ und $x = 2$.

101 Kopfübungen

1 z.B. $2 \cdot \frac{1}{2}$ oder $\frac{3}{5} \cdot \frac{5}{3}$ oder $0{,}2 \cdot 5$

2 (11 100 kg − 6400 kg) : 150 kg = 4700 kg : 150 kg ≈ 31

3 Zylinder B hat ein doppelt so großes Volumen wie Zylinder A
($V_B = 8\pi$ und $V_A = 4\pi$, beides in cm³).

4

	Französisch	Latein	Spanisch	Insgesamt
Absolute Häufigkeit	60	80	40	180
Relative Häufigkeit	$\frac{1}{3}$	$\frac{4}{9}$	$\frac{2}{9}$	1

Kapitel 5
Funktionen und Ableitungen

Didaktische Hinweise

Nachdem in Kapitel 4 mit der Ableitung ein mächtiges mathematisches Werkzeug zur Bearbeitung von Änderungen bereitgestellt und bei der Beschreibung und Modellierung vielfältiger Sachsituationen angewendet wurde, werden in den ersten beiden Lernabschnitten dieses Kapitels überwiegend die innermathematischen Zusammenhänge zwischen Funktionen und ihren Ableitungen erarbeitet.

Zunächst bilden die Ableitungsregeln einen algebraischen Schwerpunkt, anschließend werden die ersten klassischen Kriterien zur Untersuchung von Funktionen anschaulich hergeleitet und systematisiert. Dabei stehen durchweg die inhaltlichen Aspekte im Mittelpunkt, also der verständige Umgang mit Funktionen, ihrer Ableitung und deren Zusammenhängen, weniger die algebraisch-algorithmischen Kalküle des Katalogs klassischer „Kurvendiskussionen". Dies wird durch vielfältige Visualisierungen ebenso gefördert wie durch die Bereitstellung sinnstiftender Kontexte. Dementsprechend sind der GTR oder die beigefügte Software integraler Bestandteil und kein zusätzliches optionales Hilfsmittel. Um Nachhaltigkeit zu erreichen, werden immer wieder durch konkrete Arbeitsaufträge alte Unterrichtsinhalte wiederholt, sodass diese zunehmend mehr zum aktiven Wissensbestand der Schülerinnen und Schüler werden (5.1 Aufgaben 1 und 2; 5.3 Aufgabe 1). Im letzten Lernabschnitt wird das bisher Erarbeitete innermathematisch bei der Klassifikation ganzrationaler Funktionen vom Grad 3 angewendet und exemplarisch bei Optimierungsproblemen erweitert.

Zu 5.1 „Ableitungsregeln"

In diesem Lernabschnitt werden zunächst die Ableitungen der Grundfunktionen tabellarisch zusammengestellt und die grundlegenden Ableitungsregeln erarbeitet, sodass Ableitungen mit wesentlich weniger Aufwand algebraisch bestimmt werden können als unter Verwendung des Differenzquotienten.

Bei den Herleitungen haben Strategien wie systematisches Probieren, Experimentieren mit Graphen und induktives Erschließen von Mustern zum Finden von Regeln Vorrang vor algebraisch-formalen Beweisen. Diese lernen Schülerinnen und Schüler zunächst in Beispielen kennen (B, E, F), ehe ein solches Beweisen auch exemplarisch geübt wird (Übungen 9, 25). Inhaltliches Verständnis und beziehungsreiches Üben werden durch entsprechende Aufgaben gefördert (Übungen 8, 9, 12, 13). Die Kalküle werden in variierenden Aufgabenstellungen geübt (Übungen 17–21, 29, 30) und immer wieder verständnisfördernd durch die Einbettung in bedeutungshaltige Kontexte ergänzt (Übungen 7, 11, 12, 15, 24). Ganzrationale Funktionen werden als Funktionsklasse exemplarisch eingeführt und erste Klassifikationen vorgenommen (Übungen 26–28, 31). In Ergänzung zu diesem überwiegend algebraischen Schwerpunkt wird mit der Tangentengleichung ein eher geometrischer Aspekt behandelt. Auch hier geht die visuelle Erfahrung zur Bildung einer adäquaten Grundvorstellung der algebraischen Durchdringung voran (Aufgabe 4).

Die optisch ansprechenden Bilder von Tangentenscharen als Hüllkurven werden genutzt, um Scharen exemplarisch in einem sinnvollen Kontext einzuführen und mit dem GTR zu skizzieren. Die 2. grüne Ebene schafft vielfältige Vernetzungen. Durch eine funktionale Sicht auf Umfänge, Flächen und Volumina werden nicht unmittelbar erschließbare Zusammenhänge mit Ableitungen thematisiert und Tangenten geometrisch konstruiert.

Zu 5.2 „Zusammenhänge zwischen Funktion und Ableitung"
Im Mittelpunkt dieses Lernabschnitts stehen besondere Eigenschaften von Funktionen und die Charakterisierungen von Extrempunkten eines Graphen mithilfe der Ableitungen. Nachdem zunächst die zentralen Begriffe und Definitionen in Aufgabe 1 zusammengestellt werden, gibt es zwei Angebote mit unterschiedlichen Schwerpunktsetzungen für die Einführung besonderer Punkte und der damit einhergehenden Beziehungen zwischen Funktion und Ableitung. In Aufgabe 2 werden unterschiedliche Funktionen mit methodischem Fokus auf Gruppenarbeit und Präsentationen innermathematisch erforscht, in Aufgabe 3 dienen unterschiedliche Sachsituationen und ihre Interpretation als Grundlage für ein Erforschen der Zusammenhänge. Das Basiswissen fasst überblicksartig und mit grafischem Schwerpunkt die Ergebnisse zusammen. Eine Präzisierung vor dem Hintergrund „notwendig" und „hinreichend" bleibt der später erfolgenden Reflexion in der Qualifikationsphase vorbehalten.

Insgesamt können damit die Kriterien für Extrempunkte im Zusammenhang formuliert und kompakt und übersichtlich in schülernaher Sprache dargestellt werden. Eine lange Erarbeitungsphase mit jeweiligen Exaktifizierungen hin zu den Kriterien mit entsprechenden Sicherungen über viele Buchseiten hinweg entfällt. In den Übungen wird der Umgang mit den Kriterien in variablen Einbettungen trainiert, inhaltliches Verständnis hat Vorrang vor dem bloßen Ausführen von Algorithmen der „Kurvendiskussion". Verständnisfördernd ist auch Übung 12, wo, in Umkehrung der Standardfragen, Ableitung Ausgangspunkt für Fragen zu den Funktionen ist und die spätere Frage der „Rekonstruktion aus Änderung" propädeutisch thematisiert wird; das Begründen kann in Übung 13 trainiert werden.

Der Lernabschnitt ist überwiegend innermathematisch orientiert, am Ende der Übungsphase werden mehrere Aufgaben mit betriebswirtschaftlichem Kontext betrachtet. In der 2. grünen Ebene werden in binnendifferenzierender Weise exemplarisch Funktionenscharen und Optimierungsprobleme ohne Nebenbedingung thematisiert.

Zu 5.3 „Ganzrationale Funktionen und ihre Graphen – Muster in der Vielfalt"
Die Klassifikation von Funktionstypen durchzieht die Auseinandersetzung mit Funktionen in den Klassen 7–9. Schülerorientiertes Explorieren ist dabei immer wieder in den „Funktionenlabors" ermöglicht worden. Dieser Tradition folgend wird in diesem Lernabschnitt mit den Polynomfunktionen vom Grad 3 eine Funktionsklasse neuer Qualität klassifiziert. Dabei kommen alle vorher erarbeiteten Werkzeuge zur intensiven Anwendung. Die Untersuchung von Funktionenscharen wird exemplarisch fortgeführt und verschiedene Typen von Nullstellen typisiert, sodass damit auch Klassifikationen ganzrationaler Funktionen in Teilen vorgenommen werden können. Im Sinne einer abschließenden Zusammenfassung werden die immer wieder verwendeten verschiedenen Möglichkeiten, Nullstellen zu bestimmen, also Gleichungen zu lösen, tabella-

risch als Werkzeugkasten zusammengestellt. Infolge der Verfügbarkeit eines GTR oder entsprechender Software haben Schülerinnen und Schüler sehr unterschiedliche Methoden mit jeweils spezifischen Vor- und Nachteilen kennengelernt. Am Ende der Übungsphase und in der 2. grünen Ebene werden die Auswirkungen unterschiedlicher Skalierungen, wie sie typisch im Unterricht mit dem GTR auftreten, ebenso thematisiert wie eine kritische Auseinandersetzung mit grafischen Täuschungen des GTR angeregt wird (Aufgabe 20). Schülerinnen und Schüler erleben somit in produktiver Weise immer wieder Möglichkeiten und Grenzen der benutzten Technologien.

Lösungen

5.1 Ableitungsregeln

110 1. *Ableitungen verschiedener Funktionen – Viele Wege führen zum Ziel*
a) Schüleraktivität.
b) Wir suchen den Grenzwert des Differenzenquotienten mit der h-Methode.

(1) $\lim\limits_{h \to 0} \dfrac{f_1(x+h) - f_1(x)}{h} = \lim\limits_{h \to 0} \dfrac{(x+h)^4 - x^4}{h} = \lim\limits_{h \to 0} \dfrac{x^4 + 4x^3h + 6x^2h^2 + 4xh^3 + h^4 - x^4}{h}$

$= \lim\limits_{h \to 0} \dfrac{h(4x^3 + 6x^2h + 4xh^2 + h^3)}{h} = \lim\limits_{h \to 0} (4x^3 + 6x^2h + 4xh^2 + h^3) = 4x^3$

(2) $\lim\limits_{h \to 0} \dfrac{f_2(x+h) - f_2(x)}{h} = \lim\limits_{h \to 0} \dfrac{\frac{1}{x+h} - \frac{1}{x}}{h} = \lim\limits_{h \to 0} \dfrac{\frac{x}{(x+h)x} - \frac{x+h}{(x+h)x}}{h}$

$= \lim\limits_{h \to 0} \dfrac{-h}{h(x+h)x} = \lim\limits_{h \to 0} \left(-\dfrac{1}{x^2 + xh}\right) = -\dfrac{1}{x^2}$

(3) $\lim\limits_{h \to 0} \dfrac{f_3(x+h) - f_3(x)}{h} = \lim\limits_{h \to 0} \dfrac{\sqrt{x+h} - \sqrt{x}}{h} = \lim\limits_{h \to 0} \dfrac{(\sqrt{x+h} - \sqrt{x}) \cdot (\sqrt{x+h} + \sqrt{x})}{h}$

$= \lim\limits_{h \to 0} \dfrac{x + h - x}{h(\sqrt{x+h} + \sqrt{x})} = \lim\limits_{h \to 0} \dfrac{1}{\sqrt{x+h} + \sqrt{x}} = \dfrac{1}{2\sqrt{x}}$

(4) Die Ableitungsfunktion für $f_4(x) = \sin(x)$ gewinnen wir über die Sekantensteigungsfunktion mit kleinem h. Wir übernehmen dazu die Ergebnisse von Aufgabe 9 auf Seite 100 des Schülerbandes. Es ist $f_4'(x) = \cos(x)$.

(5) Näherungsfunktion der Ableitung mithilfe der Sekantensteigungsfunktion. Die h-Methode funktioniert hier nicht: $\dfrac{2^{x+h} - 2^x}{h}$. Man kann h nicht ausklammern.

Graphen von den vier Funktionen und ihren Ableitungen:
(1) $f_1(x) = x^4$ und $f_1'(x) = 4x^3$

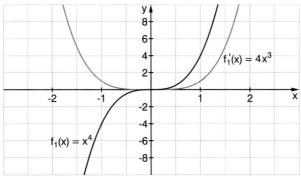

110 1. Fortsetzung
b) (2) $f_2(x) = \frac{1}{x}$ und $f_2'(x) = -\frac{1}{x^2}$

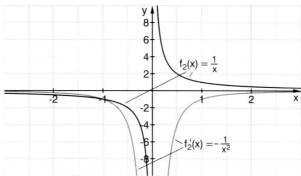

(3) $f_3(x) = \sqrt{x}$ und $f_3'(x) = \frac{1}{2\sqrt{x}}$

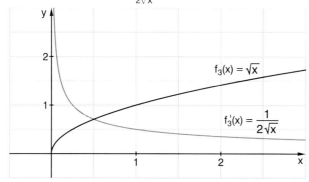

(4) $f_4(x) = \sin(x)$ und $f_4'(x) = \cos(x)$

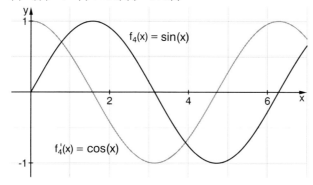

110

1. Fortsetzung
  b) (5) $f_5(x) = 2^x$ und Ableitungsfunktion

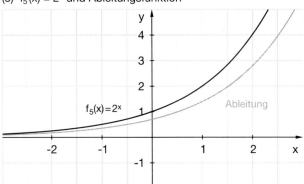

2. „Rechnen" mit Funktionen – Was passiert mit der Ableitung?

a)

	Der Graph der Funktion g entsteht, …
A	indem der Graph von f um 3 Einheiten in die positive Richtung der y-Achse verschoben wird.
B	indem der Graph von f mit dem Faktor 2 gestreckt wird.
C	durch Addition der Werte von f_1 und f_2 an jeder Stelle.

b)

A	Die Steigung an jeder Stelle ändert sich nicht, da sich die Form des Graphen nicht geändert hat. $g(x) = f(x) + c \Rightarrow g'(x) = f'(x)$
B	Die Steigung hat sich an jeder Stelle um denselben Faktor geändert. $g(x) = a \cdot f(x) \Rightarrow g'(x) = a \cdot f'(x)$
C	Die Steigung des Graphen von g an jeder Stelle ist die Summe der Steigungen von f_1 und f_2 an dieser Stelle. $g(x) = f_1(x) + f_2(x) \Rightarrow g'(x) = f_1'(x) + f_2'(x)$

111

3. *Mustererkennung – Eine Regel für die Ableitung der Potenzfunktionen*
  a) Man kann als Muster erkennen, dass beim Ableiten einer Potenzfunktion der Exponent als Faktor erscheint und an seiner Stelle der neue, um eins verminderte Exponent steht. Dementsprechend wird in der kleinen Tabelle die mittlere Zeile in der rechten Spalte ergänzt mit $4x^3$ und die letzte Zeile wird ergänzt mit nx^{n-1}.
  b) $f(x) = x^n \Rightarrow f'(x) = nx^{n-1}$
  c) Diese Regel gilt auch noch für die Funktion $f(x) = x^1$ und formal auch für die Funktion $f(x) = x^0 = 1$, aber man muss $x = 0$ ausschließen.

4. *Anschmiegen und Einhüllen*
  a) Bild 1 zeigt eine Geradenschar durch den Punkt $P(0,5 | 0,25)$. In der Geradenschar ist die Tangente (rote Linie) im Punkt P an den Graphen der Funktion $f(x) = x^2$ enthalten.
  Bild 2 zeigt die Tangentenschar für $f(x) = x^2$.
  b) Die Steigung der Tangente im Punkt P ist $m = 1$. Hiermit und mit den Koordinaten von P ergibt sich aus der allgemeinen Geradengleichung
  $y = mx + b$: $0,25 = 1 \cdot 0,5 + b \Rightarrow f(x) = x - 0,25$ als Tangentengleichung.

111 4. c) Die Tangentengleichungen für die fünf Punkte werden nach dem gleichen Verfahren aufgestellt.

x = −2: f(x) = −4x − 4   x = −1: f(x) = −2x − 1
x = 1: f(x) = 2x − 1   x = 2: f(x) = 4x − 4
x = 3: f(x) = 6x − 9

Die Tangentengleichung für x = −3 ist f(x) = −6x − 9 und die für x = −$\frac{1}{2}$ ist f(x) = −x − 0,25. Sie entstehen durch Spiegelung der Gleichungen für x = 3 bzw. für x = $\frac{1}{2}$ an der y-Achse. Die Tangente durch (0|0) ist f(x) = 0.

113 5. *Größte und kleinste Steigungen*
a) Vergleich der Steigungen für a = 4:

$f_1'(x) = 2x$	$f_2'(x) = 3x^2$	$f_3'(x) = 4x^3$
$f_1'(4) = 8$	$f_2'(4) = 48$	$f_3'(4) = 256$

$f_4'(x) = \frac{1}{2\sqrt{x}}$	$f_5'(x) = -\frac{1}{x^2}$	$f_6'(x) = \cos(x)$
$f_4'(4) = 4$	$f_5'(4) = -0{,}25$	$f_6'(4) = -0{,}15$

b) An welchen Stellen gilt f'(a) = 4?

$f_1'(a) = 4$	$f_2'(a) = 4$	$f_3'(a) = 4$
a = 2	$a_{1,2} = \frac{2}{\pm\sqrt{3}}$	a = 1

$f_4'(a) = 4$	$f_5'(a) = 4$	$f_6'(a) = 4$
$a = \frac{1}{64}$	keine Lösung	keine Lösung

6. *Stellen mit vorgegebener Steigung bestimmen*
a) f'(x) = 3x²
   3x² = 12
   ⇒ $x_{1,2} = \pm 2$
b) $x = \sqrt[3]{-\frac{1}{4}} \approx -0{,}63$
c) x = 2kπ, k ∈ ℤ
d) $x = \frac{1}{4}$
e) f'(x) = 2x
   2x = −5
   ⇒ $x = -\frac{5}{2}$
f) f'(x) = 3x²
   3x² = −5
   ⇒ keine Lösung

7. *Steigungen und Tangenten*
f'(x) = 2x
f'(x) = 0; f'(0,5) = 1; f'(1) = 2; f'(1,5) = 3

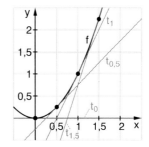

113 8. *Mit Ableitungen begründen*
a) $f'(x) = -\frac{1}{x^2}$
Weil $x^2 > 0$ für alle $x \neq 0$ gilt, ist $-\frac{1}{x^2}$ immer negativ.

b) $f'(x) = \cos(x)$
Weil $-1 \leq \cos(x) \leq 1$ gilt, kann die Steigung von $\sin(x)$ nicht größer als 1 und kleiner als -1 sein.
$\cos(x) = -1 \Rightarrow x = \pi + 2k\pi, k \in \mathbb{Z}$
$\cos(x) = 1 \Rightarrow x = 2k\pi, k \in \mathbb{Z}$

9. *Begründung einer Formel mit der „h-Methode"*

$$\frac{\frac{1}{x+h} - \frac{1}{x}}{h} = \frac{\frac{x}{(x+h)x} - \frac{x+h}{(x+h)x}}{h} = \frac{\frac{x-(x+h)}{(x+h)x}}{h} = \frac{-h}{h(x+h)x} = -\frac{1}{(x+h)x} \Rightarrow \lim_{h \to 0}\left(\frac{\frac{1}{x+h} - \frac{1}{x}}{h}\right) = -\frac{1}{x^2}$$

115 10. *Untersuchungen an Potenzfunktionen*
a)

Funktion f(x)	x	x^2	x^3	x^4	x^5	x^6
Ableitung f'(x)	1	2x	$3x^2$	$4x^3$	$5x^4$	$6x^5$
f'(2)	1	4	12	32	80	192
f'(−2)	1	−4	12	−32	80	−192

Die Graphen werden für wachsendes n an der Stelle 2 immer steiler, Potenzfunktionen wachsen für wachsendes n für x > 1 immer stärker. Bei geradem n, sind die Funktionen für x < 0 monoton fallend, deswegen erhalten wir für die Ableitung negative Werte. Wegen der Symmetrie der Graphen erhält man gleiche (bis auf das Vorzeichen) Werte an den Stellen t und −t.

b)

Ableitung f'(x)	1	2x	$3x^2$	$4x^3$	$5x^4$	$6x^5$
x mit f'(x) = 2	kein x	x = 1	x = ±0,82	x = 0,79	x = ±0,795	x = 0,803

Forschungsaufgabe:
Nach den bisherigen Tabelleneinträgen sind die Werte annähernd gleich, wachsen oder fallen nicht monoton, sondern schwanken.
Untersuchung für $n \to \infty$:
$2 = n \cdot x^{n-1} \Rightarrow x = \sqrt[n-1]{\frac{2}{n}}$

Grafisch-tabellarische Untersuchung von $g(x) = \sqrt[x-1]{\frac{2}{x}}$:

x	g(x)
2	1
10	0,84
20	0,89
50	0,94
100	0,96
200	0,98
500	0,99
1000	0,99
10000	1

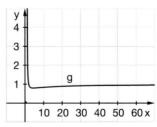

115 11. *Potenzfunktionen erraten*
  (I) Es gibt drei Möglichkeiten:
  1. $f(x) = c$ 2. $f(x) = dx + c$ 3. $f(x) = dx^2 + c$; $c, d \in \mathbb{R}$
  Alle drei Funktionen haben Geraden als Graphen ihrer Ableitungsfunktion.
  (II) Die Zerlegung der Steigung m in Primfaktoren liefert den Schlüssel zur Lösung:
  $108 = 2 \cdot 2 \cdot 3 \cdot 3 \cdot 3 = 4 \cdot 3^3$
  Die Funktionen mit $f'(3) = 108 = m$ sind:
  1. $f(x) = x^4 + c$ $\Rightarrow$ $f'(x) = 4x^3$ $\Rightarrow$ $f'(3) = 108$
  2. $f(x) = 4x^3 + c$ $\Rightarrow$ $f'(x) = 12x^2$ $\Rightarrow$ $f'(3) = 108$
  3. $f(x) = 18x^2 + c$ $\Rightarrow$ $f'(x) = 36x$ $\Rightarrow$ $f'(3) = 108$
  4. $f(x) = 108x + c$ $\Rightarrow$ $f'(x) = 108$ $\Rightarrow$ $f'(3) = 108$
  Hier ist formal auch die Bedingung für die Steigung erfüllt und auch, dass die Funktion im Punkt $P(3|f(3)) = P(3|324)$ eine Gerade mit der Steigung $m = 108$ besitzt, doch sind beide Geraden (also Tangente und Gerade) identisch und man sieht hier $f(x)$ nicht als eigenständige Lösung an.
  (III) Es gibt unendlich viele Lösungen für $f(x)$ in der Form $f(x) = a \cdot x^n + b$ mit $a \neq 0$, $n \neq 0$ und $a, b \in \mathbb{R}$. Man muss nun zwischen geradem und ungeradem n unterscheiden.
  Es ist $f'(x) = a\,n\,x^{n-1}$. Mit $f'(-1) = 5$ ist $5 = a\,n\,(-1)^{n-1}$
  $\Rightarrow a = -\frac{5}{n}$ für gerades n und $a = \frac{5}{n}$ für ungerades n.
  Als gesuchte Funktionen erhalten wir:
  $$f(x) = \begin{cases} -\frac{a}{n}x^n + b, & n \text{ gerade} \\ \frac{a}{n}x^n + b, & n \text{ ungerade} \end{cases}$$
  (IV) Auch hier gibt es unendlich viele Lösungen für $f(x)$. Wir machen den Ansatz
  $f(x) = a \cdot x^n + b$, mit $a \neq 0$, $n \neq 0$ und $a, b \in \mathbb{R}$. Es ist $f'(x) = a\,n\,x^{n-1}$. Es soll $f'(1) = 20$ sein: $20 = a\,n \cdot 1^{n-1}$ $\Rightarrow a = \frac{20}{n}$
  Bestimmung von b mit $f(-1) = 1 \Rightarrow 1 = \frac{20}{n}(-1)^n + b \Rightarrow b = 1 - \frac{20}{n}$
  Als gesuchte Funktionen erhalten wir:
  $$f(x) = \begin{cases} \frac{20}{n}x^n + 1 - \frac{20}{n}, & n \text{ gerade} \\ \frac{20}{n}x^n + 1 + \frac{20}{n}, & n \text{ ungerade} \end{cases}$$

12. *Potenzfunktionen: gerade und ungerade Exponenten*
  a) Eine Potenzfunktion mit ungeradem Exponenten hat als Ableitung eine Funktion mit geradem Exponenten. Deren Werte sind immer ≥ 0, deswegen hat der Graph der Potenzfunktion mit ungeradem Exponenten an keiner Stelle eine negative Steigung.
  b) Eine Potenzfunktion mit geradem Exponenten hat als Ableitung eine Funktion mit ungeradem Exponenten. Deren Graph hat immer eine Nullstelle, die den negativen Wertebereich vom positiven Wertebereich trennt. Dementsprechend markiert die Nullstelle der Ableitung ein Extremum (Maximum oder Minimum) der Potenzfunktion, das den Zweig ihres Graphen mit positiver Steigung von dem mit negativer Steigung trennt.

115

12. c) Die Ableitungen $f'(x) = n x^{n-1}$ von Potenzfunktionen mit geradem Exponenten n sind punktsymmetrisch zu (0|0), weil n − 1 ungerade ist. Die Steigungen unterscheiden sich an den Stellen x und −x nur durch das Vorzeichen, was geometrisch die Punktsymmetrie zu (0|0) liefert. Bei Potenzfunktionen mit ungeradem Exponenten gilt in gleicher Weise umgekehrt:
Die Ableitungen haben gerade Exponenten, sind also achsensymmetrisch zur y-Achse, die Steigungen an den Stellen x und −x stimmen überein.

13. *Die Potenzregel auf dem Prüfstand – Spezialfälle*
Die Potenzregel $f(x) = x^n \Rightarrow f'(x) = n \cdot x^{n-1}$ gilt auch für n = 1.
$f(x) = x^1 = x \Rightarrow f'(x) = 1 \cdot x^{1-1} = x^0 = 1$ und formal auch für n = 0.
$g(x) = x^0 = 1 \Rightarrow g'(x) = 0 \cdot x^{-1} = 0$, $x \neq 0$

Im Diagramm: $f(x) = x$ und $f'(x) = 1$

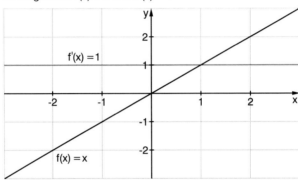

Im Diagramm: $g(x) = 1$ und $g'(x) = 0$

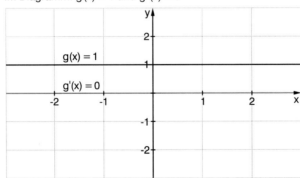

116 14. *Potenzregel auch für negative oder gebrochene Exponenten?*

a) Zuerst werden die Ableitungsfunktionen der beiden Funktionen
(1) $f(x) = \frac{1}{x}$ und (2) $f(x) = \sqrt{x}$ mit der „h-Methode" ermittelt:

(1) $\dfrac{\frac{1}{x+h} - \frac{1}{x}}{h} = \dfrac{\frac{x}{(x+h)x} - \frac{x+h}{(x+h)x}}{h} = \dfrac{\frac{x-(x+h)}{(x+h)x}}{h} = \dfrac{-h}{h(x+h)x} = -\dfrac{1}{(x+h)x}$

$\Rightarrow \lim\limits_{h \to 0} \left(-\dfrac{1}{(x+h)x}\right) = -\dfrac{1}{x^2} = f'(x)$

(2) $\dfrac{\sqrt{x+h} - \sqrt{x}}{h} = \dfrac{(\sqrt{x+h} - \sqrt{x}) \cdot (\sqrt{x+h} + \sqrt{x})}{h \cdot (\sqrt{x+h} + \sqrt{x})} = \dfrac{x+h-x}{h \cdot (\sqrt{x+h} + \sqrt{x})} = \dfrac{h}{h \cdot (\sqrt{x+h} + \sqrt{x})}$

$\Rightarrow \lim\limits_{h \to 0} \dfrac{1}{\sqrt{x+h} + \sqrt{x}} = \dfrac{1}{2\sqrt{x}} = f'(x)$

Nun wird die Potenzregel verwendet:

(1) $f(x) = \frac{1}{x} = x^{-1} \Rightarrow f'(x) = (-1) \cdot x^{-1-1} = -x^{-2} = -\dfrac{1}{x^2}$

(2) $f(x) = \sqrt{x} = x^{\frac{1}{2}} \Rightarrow f'(x) = \frac{1}{2} \cdot x^{\frac{1}{2}-1} = \frac{1}{2}x^{-\frac{1}{2}} = \frac{1}{2} \cdot \dfrac{1}{x^{\frac{1}{2}}} = \dfrac{1}{2\sqrt{x}}$

In beiden Fällen gilt also auch die Ableitungsregel.

b) Ableitung nach der Potenzregel für (1) $f(x) = x^{\frac{2}{3}}$ und (2) $g(x) = x^{-3}$:

(1) $\Rightarrow f'(x) = \frac{2}{3}x^{\frac{2}{3}-1} = \frac{2}{3}x^{-\frac{1}{3}}$

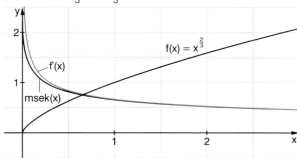

(2) $\Rightarrow g'(x) = (-3)x^{-3-1} = (-3)x^{-4}$

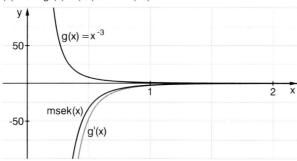

Ableitungsgraph und Graph von msek (h = 0,1) sind fast identisch.

15. *Die Sekantensteigungsfunktion als Prüfer*

$f(x) = 2^x$ ist eine Exponentialfunktion, die Funktionsvariable x ist der Exponent.
Bei einer Potenzfunktion ist der Exponent eine feste Zahl, die Funktionsvariable x ist die Basis. Für Exponentialfunktionen ist die obige Ableitungsregel (die Potenzregel) nicht gültig.

16. *Welche Ableitungsregeln?*
f′(x) = 15x² + 6x. Es wurden folgende Ableitungsregeln benutzt:
Potenzregel, Summenregel, Faktorregel, konstanter Summand.

17. *Training*
a) $f'(x) = 6x^5$
b) $f'(x) = x^4$
c) $f'(x) = 7$
d) $f'(x) = 1$
e) $f'(x) = -\frac{8}{3}x^3 + 1$
f) $f'(x) = 0$
g) $f'(x) = 10x^4 - 3x^2 - 1$
h) $f'(x) = x^3 - 3x^2 + 1$
i) $f'(x) = 0$
j) $f'(x) = 0{,}5$
k) $f'(x) = \sqrt{3}$
l) $f'(x) = 2x + \frac{1}{2\sqrt{x}}$

18. *Training*
a) $f'(x) = -\frac{1}{x^2} + 5$
b) $f'(x) = 2x$
c) $f'(x) = 4x + 5$
d) $f'(x) = \cos(x) + 2$
e) $f'(x) = 4(n+1)x^n$
f) $f'(x) = -\frac{1}{x^2}$
g) $f'(x) = 2\cos(x) - 10x - \frac{1}{x^2}$
h) $f'(x) = -\frac{2}{x^2} - \frac{3}{2\sqrt{x}}$
i) $f'(x) = 18x - 6$

Steigungen an der Stelle a = 2:
a) $\frac{19}{4}$
b) 4
c) 13
d) 1,5838…
e) $4(n+1) \cdot 2^n$
f) $-\frac{1}{4}$
g) −21,0822…
h) −1,5606…
i) 30

19. *Die Funktionsvariable muss nicht immer x heißen, ableiten kann man trotzdem!*
a) $f'(a) = -4a^3 + 7$
b) $g'(m) = 2am + b$
c) h′(t) = −10t; h(t) beschreibt für den freien Fall die Fallstrecke aus 45 m Höhe in Abhängigkeit von der Fallzeit t, h′(t) beschreibt die Fallgeschwindigkeit in Abhängigkeit von der Fallzeit t.
d) s′(t) = at; s(t) beschreibt bei gleichmäßig beschleunigten Bewegungen die bei einer konstanten Beschleunigung a in der Zeit t zurückgelegte Strecke s. s′(t) = at = v(t) beschreibt dabei die Geschwindigkeit als Funktion der Zeit t.
e) v′(t) = a; bei gleichmäßig beschleunigten Bewegungen ist a die konstante Beschleunigung.
f) V′(r) = 4πr² ist die Oberfläche einer Kugel mit dem Radius r und dem Volumen V.
g) A′(r) = 8πr = 4(2πr) ist der 4-fache Umfang eines Kreises mit dem Radius r und der Fläche A.

20. *Von der Funktion zur Ableitung*
Man kann zu jeder Funktion f(x), die eine Lösung ist, eine Zahl c ∈ ℝ addieren. Dieser Summand c entfällt wieder beim Ableiten von f(x):
a) $f(x) = x^3 + c$
b) $f(x) = -3x^2 + 4x + c$
c) $f(x) = \frac{1}{4}x^4 + c$
d) $f(x) = \frac{1}{3}x^3 + \frac{1}{x} + c$
e) $f(x) = \frac{2}{3}x^3 - 2c + x$
f) $f(x) = \sin(x) + x + c$
g) $f(x) = -\frac{1}{6}x^3 + x^2 + 4x + c$

21. *Wo ist der Fehler?*
   a) Bei der Ableitung von f verschwinden konstante Zahlen.
   b) Exponentialfunktionen werden nicht nach der Potenzregel abgeleitet.
   c) Die Ableitung von f nach t ergibt f′(t) = –10. Der Fehler lautet: Nach x abgeleitet.
   d) Der Bruchterm muss zuerst aufgespalten werden: $f(x) = \frac{x^2+4}{4x} = \frac{1}{4}x + \frac{1}{x}$.
   Nun ergibt die Ableitung $f'(x) = \frac{1}{4} - \frac{1}{x^2}$. Der Fehler lautet: Zähler und Nenner getrennt abgeleitet.

22. *Untersuchung verschiedener Stellen*
Graph von $f(x) = x^2 - 4x$:

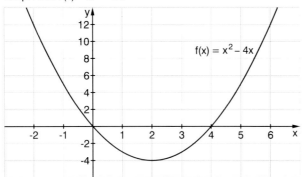

   a) Die Schnittpunkte mit der x-Achse sind $N_1(0|0)$ und $N_2(4|0)$, der Schnittpunkt mit der y-Achse ist $S_y(0|0)$. Die Ableitung von f ist $f'(x) = 2x - 4$.
   Steigung in $N_1(0|0)$: $f'(0) = -4$
   Steigung in $N_2(4|0)$: $f'(4) = 4$
   Steigung in $S_y(0|0)$: $f'(0) = -4$
   b) Der Graph hat die Steigung 6 im Punkt (5|5) bzw. die Steigung –2 im Punkt (1|–2) bzw. die Steigung 3 im Punkt (3,5|–1,75).
   c) Im Punkt (2|–4) ist $f'(x) = 0$, d.h. in diesem Punkt hat die Funktion eine waagerechte Tangente.

23. *Parallele Tangenten*
   a) Gleichsetzen der Ableitungen $f'(x) = 2x$ und $g'(x) = 3x^2$:
   $2x = 3x^2 \Rightarrow x(3x - 2) = 0$. Mit der „Produkt = Null"-Regel erhalten wir die beiden Stellen $x_1 = 0$ und $x_2 = \frac{2}{3}$, an denen die Graphen parallele Tangenten haben.
   b) Gleichsetzen der Funktionsterme liefert die Schnittpunkte:
   $x^2 = x^3 \Rightarrow x^2(x-1) = 0 \Rightarrow x_1 = 0$ und $x_2 = 1$. Die y-Koordinaten sind $y_1 = 0$ und $y_2 = 1$.
   Die Steigungen in dem jeweiligen Schnittpunkt lauten $f'(0) = g'(0) = 0$ sowie $f'(1) = 2$ und $g'(1) = 3$.

117 24. *Begründungen*

(1) Die Aussage ist richtig. Grafisch begründet: Wird der Graph einer Funktion mit einem Faktor gestreckt (oder gestaucht), so wird auch die Steigung mit dem Faktor verändert.
Formelmäßiger Beweis mit dem Differenzenquotienten:
$$m_s(3f) = \frac{3 \cdot f(x+h) - 3 \cdot f(x)}{h} = 3 \cdot \frac{f(x+h) - f(x)}{h} = 3 \cdot m_s(f)$$

(2) Anschauliche Begründung: Werden zwei Funktionen addiert, so addieren sich an jeder Stelle nicht nur die Funktionswerte, sondern auch die Steigungen.
Formelmäßiger Beweis mit dem Differenzenquotienten für die Summenfunktion:
$$m_s(f+g) = \frac{(f(x+h) + g(x+h)) - (f(x) + g(x))}{h} = \frac{f(x+h) - f(x)}{h} + \frac{g(x+h) - g(x)}{h}$$
$$= m_s(f) + m_s(g)$$
und man erhält die Summe der Differenzenquotienten.

(3) Die Aussage ist richtig. Grafisch begründet: ein Minus vor dem Funktionsterm spiegelt den Graphen an der x-Achse, wobei auch die Steigungen ihr Vorzeichen wechseln.
Formelmäßiger Beweis mit dem Differenzenquotienten:
$$m_s(-f) = \frac{-f(x+h) - (-f(x))}{h} = -\frac{f(x+h) - f(x)}{h} = -m_s(f)$$

(4) Anschauliche Begründung: Wird der Graph einer Funktion nach oben (+c) oder unten (–c) verschoben, so ändert sich seine Steigung dabei nicht.
$f(x) = g(x) + c = g(x) + cx^0$
Dann ist $f'(x) = (g(x) + cx^0)' = g'(x) + 0cx^{0-1} = g'(x)$.

25. *Begründungen mithilfe der „h-Methode"*

a) $\dfrac{(x+h)^3 - x^3}{h} = \dfrac{x^3 + 3x^2h + 3xh^2 + h^3 - x^3}{h} = \dfrac{3x^2h + 3xh^2 + h^3}{h}$
$= \dfrac{h(3x^2 + 3xh + h^2)}{h} = 3x^2 + 3xh + h^2 \xrightarrow[h \to 0]{} 3x^2$

Die x^3-Terme heben sich im Zähler auf, sodass man h ausklammern kann. Entscheidend ist dann der Ausdruck, in dem nur h und nicht höhere Potenzen von h vorkommen. Nach dem Ausklammern und Kürzen bleibt dann nur der Ausdruck ‚vor dem h', jetzt ohne h, übrig. In allen anderen Ausdrücken tritt noch ein h auf. Der Grenzwert ist dann dieser Ausdruck.
Bei der Bildung des Differenzenquotienten von $f(x) = x^5$ gemäß der „h-Methode" kann man im Zähler, nachdem die beiden x^5-Terme sich aufgehoben haben, aus dem Restpolynom den Faktor h ausklammern und gegen das „h" im Nenner kürzen. Dadurch ist im Zähler der zweite Term $5x^4$ dann als einziger frei von h-Faktoren und somit bei der Limesbildung mit $h \to 0$ maßgebend.

117

25. b) Bildung des Differenzenquotienten für $f(x) = x^6$ gemäß der „h-Methode":

$$\frac{f(x+h) - f(x)}{h} = \frac{(x+h)^6 - x^6}{h} = \frac{x^6 + 6x^5h + 15x^4h^2 + 20x^3h^3 + 15x^2h^4 + 6xh^5 + h^6 - x^6}{h}$$

$$= \frac{h(6x^5 + 15x^4h + 20x^3h^2 + 15x^2h^3 + 6xh^4 + h^5)}{h}$$

Kürzen mit h und dann $\lim_{h \to 0}$ bilden:

$\lim_{h \to 0} (6x^5 + 15x^4h + 20x^3h^2 + 15x^2h^3 + 6xh^4 + h^5) = 6x^5$

Auch hier ist der zweite Summand aus dem Zähler des Differenzenquotienten für die Limesberechnung maßgebend.

c) Bildung des Differenzenquotienten für $f(x) = x^n$ gemäß der „h-Methode":

$$\frac{(x+h)^n - x^n}{h} = \frac{\binom{n}{0}x^n h^0 + \binom{n}{1}x^{n-1}h^1 + \binom{n}{2}x^{n-2}h^2 + \ldots + \binom{n}{n-1}x^1 h^{n-1} + \binom{n}{n}x^0 h^n - x^n}{h}$$

$$= \frac{nx^{n-1}h^1 + \binom{n}{2}x^{n-2}h^2 + \ldots + nx^1 h^{n-1} + h^n}{h} = \frac{h(nx^{n-1} + \ldots + nx^1 h^{n-2} + h^{n-1})}{h}$$

$\Rightarrow \lim_{h \to 0} \left(nx^{n-1} + \binom{n}{2}x^{n-2}h^1 + \ldots + nx^1 h^{n-2} + h^{n-1}\right) = nx^{n-1}$

Also ist $f'(x) = nx^{n-1}$ die Ableitung von $f(x) = x^n$.

118

26. *Ganzrationale Funktionen*
   a) Allgemeine Form einer ganzrationalen Funktion zweiten Grades:
      $f(x) = ax^2 + bx + c$; $a, b, c \in \mathbb{R}$, $a \neq 0$ oder $f(x) = a_2x^2 + a_1x + a_0$; $a_2, a_1, a_0 \in \mathbb{R}$, $a_2 \neq 0$
   b) Allgemeine Form einer ganzrationalen Funktion vierten Grades:
      $f(x) = ax^4 + bx^3 + cx^2 + dx + e$; $a, b, c, d \in \mathbb{R}$, $a \neq 0$
      Beispiel: $f(x) = \frac{1}{4}x^4 - 0{,}3x^3 + \sqrt{2}x^2 - x + \pi$
   c) Der Funktionsgraph einer ganzrationalen Funktion ersten Grades ist eine Gerade.
      Eine ganzrationale Funktion nullten Grades ist eine konstante Funktion $f(x) = a_0$.

27. *Fragen zum Verständnis der allgemeinen Definition*
   a) Weil man so beliebig viele Koeffizienten bezeichnen kann, während das Alphabet nur eine begrenzte Zahl von Buchstaben hat. Außerdem ist durch das „i" in a_i deutlich, zu welcher Potenz von x der Koeffizient gehört.
   b) Die Punkte bedeuten, dass zwischen $a_{n-2}x^{n-2}$ und a_2x^2 die Summanden der Form a_jx^j, $2 < j < n-2$ stehen. Der Nachfolgesummand zu $a_{n-2}x^{n-2}$ ist $a_{n-3}x^{n-3}$, der Vorgängersummand zu a_2x^2 ist a_3x^3.
   c) Ist $a_n = 0$, so ist $a_nx^n + a_{n-1}x^{n-1} + \ldots + a_1x + a_0 = a_{n-1}x^{n-1} + \ldots + a_1x + a_0$, und das Polynom hätte den Grad $n-1$.
      Für $i < n$ dürfen ein oder mehrere a_i null sein, sogar alle: a_nx^n ist eine Potenzfunktion vom Grad n.

28. *Ganzrationale Funktion oder nicht?*
    In Aufgabe 17 sind außer l) alle Funktionen ganzrational. Dabei hat a) den Grad 6, b) Grad 5, c) Grad 1, d) Grad 1, e) Grad 4, f) Grad 0, g) Grad 5, h) Grad 4, i) Grad 0 und j) und k) haben Grad 1.
    In Aufgabe 18 sind nur b) (Grad 2), c) (Grad 2), e) (Grad n + 1) und i) (Grad 2) ganzrationale Funktionen.

118 29. *Von der Funktion zur Ableitung*
a) $f_1'(x) = 6x^2 - 0{,}5x + 4$
$f_2'(x) = 0{,}08x^3 - 6x$
$f_3'(x) = 0{,}08x^3 - 6x$
$f_4'(x) = 0{,}05x^4 + 6x^2 - 8x$
$f_5'(x) = 0{,}05x^4 + 6x^2 - 4$
$f_6'(x) = 6x - 12$
b) Ersten Grades: $f(x) = ax + b$, $f'(x) = a$
Zweiten Grades: $f(x) = ax^2 + bx + c$, $f'(x) = 2ax + b$
Dritten Grades: $f(x) = ax^3 + bx^2 + cx + d$, $f'(x) = 3ax^2 + 2bx + c$
Vierten Grades: $f(x) = ax^4 + bx^3 + cx^2 + dx + e$, $f'(x) = 4ax^3 + 3bx^2 + 2cx + d$
c) Die Ableitung einer ganzrationalen Funktion
$a_n x^n + a_{n-1} x^{n-1} + \ldots + a_2 x^2 + a_1 x + a_0$ ist
$n a_n x^{n-1} + (n-1) a_{n-1} x^{n-2} + \ldots + 2 a_2 x + a_1$.

30. *Von der Ableitung zur Funktion*
$f_2(x)$ und $f_3(x)$ passen. Weitere Kandidaten sind alle Funktionen mit
$f(x) = x^4 - 2x^2 + 3x + c$, wobei c eine beliebige konstante reelle Zahl ist.

119 31. *Die ganzrationalen Funktionen bleiben unter sich*
a) Die Ableitung einer ganzrationalen Funktion dritten Grades ist eine ganzrationale Funktion zweiten Grades, weil bei der Ermittlung der Ableitungsfunktion mit dem Differenzenquotienten bzw. mit der Sekantensteigungsfunktion sich die Terme mit der höchsten x-Potenz (x^3-Term) im Zähler aufheben.
b) Das Gleiche gilt für ganzrationale Funktionen ersten, zweiten und vierten Grades. Der Grad der Ableitungsfunktion ist jeweils um eins niedriger als der der ursprünglichen Funktion.

32. *Höhere Ableitungen*
a)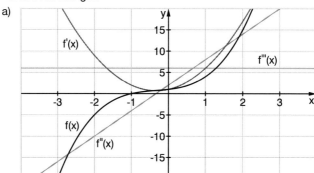

Es fällt auf, dass der Grad der höchsten Potenz bei jeder weiteren Ableitung sich um 1 reduziert.
b) Die Aussage ist falsch, denn die zweite Ableitung einer ganzrationalen Funktion vierten Grades liefert uns eine ganzrationale Funktion zweiten Grades, also eine Parabel.

119 33. *Nicht alle Ableitungsregeln sind so einfach*
Es ist $f(x) = x^2 \cdot x^2 = x^4 \Rightarrow f'(x) = 4x^3$ und nicht $f'(x) = 2x \cdot 2x = 4x^2$.

34. *Tangentengleichungen*
   a) Mit $f(2) = 2 \cdot 2^2 - 2 = 6$ und $y(2) = 7 \cdot 2 - 8 = 6$ liegt der Punkt $P(2|6)$ sowohl auf der Parabel als auch auf der Geraden. In diesem Punkt hat $f(x)$ die Steigung $f'(2) = 7$, weil $f'(x) = 4x - 1$ ist. Die Steigung der Geraden ist auch 7, deshalb ist die Gerade die Tangente an $f(x)$ im Punkt P.
   b) $f(1) = 1; f'(x) = 4x - 1 \Rightarrow f'(1) = 3; 1 = 3 \cdot 1 + b \Rightarrow b = -2$
   Tangentengleichung: $y = 3x - 2$

120 35. *Training*
   a) Mit $f(1) = 3$ hat der Punkt P die Koordinaten $P(1|3)$. Die Ableitung von $f(x)$ ist $f'(x) = 6x$. Die Tangentensteigung ist $m_t = f'(1) = 6$. Eingesetzt mit den Koordinaten von P in die allgemeine Geradengleichung $y(x) = m_t x + b$, führt zur Berechnung von $b = -3$. Die gesuchte Tangentengleichung ist $y(x) = 6x - 3$.

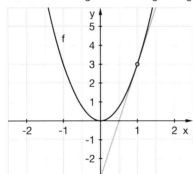

Die Teilaufgaben b) bis f) werden nach dem gleichen Muster bearbeitet.
Deshalb werden nachfolgend nur die Tangentengleichungen angegeben.
   b) $y = 12x - 16$ c) $y = \frac{1}{9}x + \frac{5}{9}$ d) $y = -x + \pi$
   e) $y = 9x - 4$ f) $y = 7x$

36. *Tangentengleichung in beliebigem Punkt*
   a) Es ist $f'(a) = 2a = m$. Mit m und den Punktkoordinaten $(a|f(a))$ gehen wir in die allgemeine Geradengleichung $y = mx + b$. Daraus ergibt sich die zu zeigende Tangentengleichung: $f(a) = a^2 = 2a \cdot a + b \Rightarrow b = -a^2$
   $\Rightarrow y(x) = 2ax - a^2$
   b) $f'(x) = 3x^2 \Rightarrow f'(a) = 3a^2$
   Tangentengleichung: $y = 3a^2(x - a) + a^3 = 3a^2 x - 2a^3$

37. *Tangentenscharen und Hüllkurven*
   a) (1) $f(x) = -x^2 + 4 \Rightarrow f(1) = 3 \Rightarrow P(1|3)$
   $f'(x) = -2x \Rightarrow f'(1) = -2 = m$
   Hiermit und mit den Koordinaten von P wird mittels der allgemeinen Geradengleichung $y = mx + b$ jetzt b berechnet: Es folgt $b = 5$.
   Gleichung der Tangente im Punkt P: $y = -2x + 5$

37. a) Fortsetzung

(2) $f(x) = (x-2)^2 + 1 \Rightarrow f(x) = x^2 - 4x + 5 \Rightarrow f(1) = 2 \Rightarrow P(1|2)$
$f'(x) = -2x \Rightarrow f'(1) = -2 = m$
Hiermit und mit den Koordinaten von P wird mittels der allgemeinen Geradengleichung $y = mx + b$ jetzt b berechnet: Es folgt $b = 4$.
Gleichung der Tangente im Punkt P: $y = -2x + 4$

(3) $f(x) = \sqrt{x} \Rightarrow f(1) = 1 \Rightarrow P(1|1)$
$f'(x) = \dfrac{1}{2\sqrt{x}} \Rightarrow f'(1) = \dfrac{1}{2} = m$
Hiermit und mit den Koordinaten von P wird mittels der allgemeinen Geradengleichung $y = mx + b$ jetzt b berechnet: Es folgt $b = \dfrac{1}{2}$.
Gleichung der Tangente im Punkt P: $y = \dfrac{1}{2}x + \dfrac{1}{2}$

b) Schüleraktivität.

38. *Sekanten und Tangenten*

a) Die Lösungen der Gleichung $x^2 - 2 = 0$ sind die Nullstellen der Funktion $f(x)$:
$C(-\sqrt{2}|0)$ und $B(\sqrt{2}|0)$. Der Punkt A hat die Koordinaten $A(0|-2)$.
Die Steigung der Sekanten AB ist $m_{AB} = \dfrac{\Delta y}{\Delta x} = \dfrac{0-(-2)}{\sqrt{2}-0} = \sqrt{2}$, die von AC ist
$m_{AC} = \dfrac{\Delta y}{\Delta x} = \dfrac{(-2)-0}{\sqrt{2}-0} = -\sqrt{2}$. Wir bilden nun $f'(x)$ und bestimmen die Stellen,
in denen der Graph von $f(x)$ die gleiche Steigung wie die Sehnen hat.
$f'(x) = 2x, \pm\sqrt{2} = 2x \Rightarrow x_1 = -\dfrac{1}{\sqrt{2}} \approx -0{,}71$ und $x_2 = \dfrac{1}{\sqrt{2}} \approx 0{,}71$
Da es keine weiteren Lösungen für x gibt, gibt es zu jeder Sekante genau eine Tangente mit gleicher Steigung.
Für die Aufstellung der Sekantengleichungen verwenden wir die berechneten m-Werte und in beiden Fällen $b = -2$.
Die beiden Sekantengleichungen lauten:
$y_{Sr}(x) = \sqrt{2}x - 2$ (durch A und B)
$y_{St}(x) = -\sqrt{2}x - 2$ (durch A und C)
Für die Aufstellung der Tangentengleichungen verwenden wir die m-Werte der parallelen Sekanten sowie rechts den Berührpunkt
$B\left(\dfrac{1}{\sqrt{2}}\Big|f\left(\dfrac{1}{\sqrt{2}}\right)\right) = B\left(\dfrac{1}{\sqrt{2}}\Big|-1{,}5\right)$ bzw. links den Berührpunkt $B\left(-\dfrac{1}{\sqrt{2}}\Big|-1{,}5\right)$,
um jeweils b zu berechnen.

b) Die beiden Tangentengleichungen sind $y_{T_1}(x) = \sqrt{2}x - 2{,}5$ und $y_{T_2}(x) = -\sqrt{2}x - 2{,}5$.

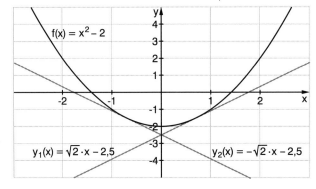

121 39. *Kurven unter dem Mikroskop 1 oder: Überall Tangenten!*
a) Beobachtungen: Der Graph setzt sich aus Geradenabschnitten zusammen. Beziehung zu Tangenten an den Graphen: Die Geradenabschnitte repräsentieren die Tangenten an den Graphen.
b) Man kann beide Aussagen durch die Beobachtungen bestätigen.

40. *Kurven unter dem Mikroskop 2 oder: Gibt es überall Tangenten?*
Die Potenzfunktion $f(x) = x^{10} - 1$ ist überall differenzierbar und man sieht bei hinreichend starkem Zoomen, dass der Graph im ganzen Intervall $[-1 \leq x \leq 1]$ „glatt" ist. Die Funktion $g(x) = \sqrt{x^2 - 2x + 1} + 1$ ist dagegen bei $x = 1$ nicht differenzierbar, weil der rechtsseitige und der linksseitige Grenzwert des Differenzenquotienten für $h \to 0$ verschiedene Lösungen ergeben. Man kann zwar die Ableitung für $g(x)$ bilden:
$g'(x) = \frac{2x - 2}{2\sqrt{x^2 - 2x + 1}} = \frac{2(x-1)}{2\sqrt{(x-1)^2}} = \frac{x-1}{x-1}, x \neq 1$.
Doch diese Funktion hat bei $x = 1$ eine hebbare Definitionslücke.

Kopfübungen

1 a) $-\frac{7}{8}$ b) -3

2 Fehlender x-Wert: 10
Fehlender y-Wert: $\frac{6}{4} = 1{,}5$
Funktionsterm: $y = \frac{x}{4} = 0{,}25 \cdot x$

3 $V = \frac{1}{n} \cdot \pi r^2 h$

4 Median: 7,08 m
Arithmetisches Mittel: 7,20 m
Der Median beschreibt die Bestleistungen besser, da das arithmetische Mittel durch ein extrem gutes Ergebnis nach oben „verzerrt" wird.

122 41. *Der Kreis wächst konzentrisch*
a) Wenn ein Radius r um die Strecke h vergrößert wird, so nimmt die Kreisfläche um den Flächeninhalt des Kreisringes zu.
b) Die durchschnittliche Änderungsrate ist $\frac{\Delta y}{\Delta x}$, hier $\frac{\Delta A}{\Delta r}$.
Für $r = 5$ ist $\frac{\Delta A}{\Delta r} = \frac{81{,}71 - 78{,}54}{0{,}1} = \frac{3{,}17}{0{,}1} = 31{,}7$.
Für $r = 3$ ist $\frac{\Delta A}{\Delta r} = \frac{30{,}19 - 28{,}27}{0{,}1} = \frac{1{,}92}{0{,}1} = 19{,}2$.
c) Die momentane Änderungsrate der Kreisfläche A ist $A'(r) = 2\pi r$, das ist die Formel für den Kreisumfang ($u = 2\pi r$). Es ist $A'(5) = 2\pi 5 = 31{,}42$ und $A'(3) = 2\pi 3 = 18{,}85$.
Geometrische Deutung: Die momentane Änderungsrate des Flächeninhaltes eines Kreises ist so groß wie dessen Umfang.

122

42. Aufblasen einer Kugel
Das Kugelvolumen ist $V(r) = \frac{4}{3}\pi r^3$. Gemäß der Potenzregel ist die Ableitung
$V'(r) = 4\pi r^2$.
Das ist die Formel für den Flächeninhalt der Oberfläche der Kugel.

43. Der Zylinder wächst in die Höhe und in die Breite
Änderungsverhalten des Zylindervolumens $V(r, h) = \pi r^2 h$
a) Ableitung von V nach der Höhe h: $V'(h) = \pi r^2$
   Das ist die Formel für den Flächeninhalt des Kreises mit dem Radius r.
b) Ableitung von V nach dem Radius r: $V'(r) = 2\pi r h$
   Das ist die Formel für den Inhalt der Mantelfläche des Zylinders.
Wie bei Aufgabe 41) und 42) ist die momentane Änderungsrate eine Dimension kleiner und spiegelt eine „Flächenformel" wider.

123

44. Tangentenkonstruktion an die Parabel
a) In der Tabelle wurde die Tangentengleichung f(x) gemäß der Punktsteigungsform mit $P(x|f(x) = x^2)$ und $m = f'(x) = 2x$ ermittelt. Die Schnittstellen des Graphen von f(x) mit der y-Achse erhält man mit f(0) und die Nullstellen werden berechnet, indem man die Gleichung $0 = f(x)$ löst.

x	f(x)	Tangentengleichung	Schnittstelle mit y-Achse	Nullstelle
1	1	$y(x) = 2x - 1$	-1	$\frac{1}{2}$
2	4	$y(x) = 4x - 4$	-4	1
4	16	$y(x) = 8x - 16$	-16	2
5	25	$y(x) = 10x - 25$	-25	2,5
10	100	$y(x) = 20x - 100$	-100	5
20	400	$y(x) = 40x - 400$	-400	10

Es fällt auf, dass eine Tangente die x-Achse bei der halben x-Koordinate des Berührungspunktes schneidet und dass der y-Achsenabschnitt gleich der negativen y-Koordinate des Berührungspunktes ist.
Für negative x-Koordinaten eines Berührungspunktes gilt genau das Gleiche.
Beispiel:

x	f(x)	Tangentengleichung	Schnittstelle mit y-Achse	Nullstelle
-20	400	$y(x) = -40x - 400$	-400	-10

b) (1) Man zieht eine Gerade durch den Berührungspunkt $B(x_B|f(x_B))$ und die Nullstelle $x_N = 0,5 x_B$.
(2) Man zieht eine Gerade durch den Berührungspunkt $B(x_B|f(x_B))$ und den Schnittpunkt $S(0|-f(x_B))$ mit der y-Achse.

c) Als Beispiel wird die Konstruktion der Tangente für den Punkt P(2|4) beschrieben: Wir zeichnen in ein Koordinatenkreuz die Normalparabel und markieren auf ihr den Punkt P. Dann markieren wir den Punkt (1|0) auf der x-Achse und auf der y-Achse den Punkt (0|-4). Die Gerade, die alle drei Punkte verbindet, ist die gesuchte Tangente.
Rechnerische Lösung ist $y(x) = 4x - 4$.

123 44. d) Diese Konstruktion gilt auch für gestreckte Parabeln der Form $y(x) = ax^2$. Man kann es für verschiedene Werte von a ausprobieren. Aber es ist auch direkt beweisbar: Wir nehmen einen beliebigen Punkt auf dem Graphen von $y(x) = ax^2$. Er habe die Koordinaten $P(p|ap^2)$. Die Steigung der Tangenten in P ist $m_t = y'(p) = 2ap$. Zusammen mit den Punktkoordinaten eingesetzt in die allgemeine Geradengleichung $y = mx + b$, um b zu bestimmen:
$ap^2 = 2ap \cdot p + b \Rightarrow b = -ap^2$, also die negative y-Koordinate von P.
Die Tangentengleichung ist nun $y(x) = 2ap \cdot x - ap^2$.
Aus $0 = 2ap \cdot x - ap^2$ ergibt sich für die Nullstelle $x_N = 0{,}5a$ und die Schnittstelle mit der y-Achse $y_S = -ap^2 = -f(p)$.

45. *Tangenten an die Parabel mit DGS*
Schüleraktivität.

5.2 Zusammenhänge zwischen Funktion und Ableitung

124 1. *Vokabular zum Beschreiben von Graphen – zum Wiederholen und Erweitern*
Zuordnungen

Nullstelle	$f(a) = 0$
y-Achsenabschnitt	$f(0) = ?$
Globales Maximum	Für alle $x \neq a$ im Definitionsbereich von f gilt $f(x) < f(a)$.
Globales Minimum	Für alle $x \neq a$ im Definitionsbereich von f gilt $f(x) > f(a)$.
Lokales Maximum (Hochpunkt)	Für alle $x \neq a$ in einer Umgebung der Stelle a ist $f(x) < f(a)$.
Lokales Minimum (Tiefpunkt)	Für alle $x \neq a$ in einer Umgebung der Stelle a ist $f(x) > f(a)$.
f ist streng monoton steigend im Intervall I.	Für alle x_1, x_2 aus dem Intervall I gilt: mit $x_2 > x_1$ ist auch $f(x_2) > f(x_1)$.
f ist streng monoton fallend im Intervall I.	Für alle x_1, x_2 aus dem Intervall I gilt: mit $x_2 > x_1$ ist $f(x_2) < f(x_1)$.

Eine Funktion f heißt streng monoton steigend im Intervall I, wenn für alle x_1, x_2 aus dem Intervall I gilt: mit $x_2 > x_1$ ist auch $f(x_2) > f(x_1)$.
Eine Funktion f hat im Punkt $P(a | f(a))$ ein lokales Minimum, wenn für alle x in einer Umgebung der Stelle a gilt: $f(x) > f(a)$.
Eine Funktion f hat im Intervall I ein absolutes Maximum, wenn für alle $x \in I$ gilt: $f(x) > f(a)$.

125 2. *Zusammenhänge zwischen Funktion und Ableitung*

Diagramm A:

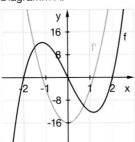

Diagramm B:

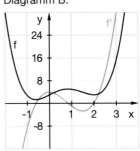

Diagramm C:

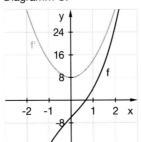

Diagramm D:

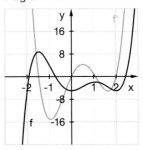

Diagramm E:

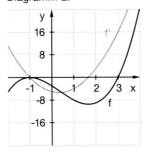

Diagramm F:

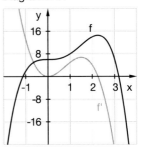

Diagramm G:

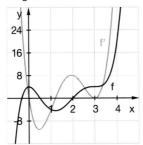

3. *Hochwasser, Radtour und Verkaufszahlen*

a)
Punkt A	höchster Pegelstand	höchster Berg	größter Umsatz
Punkt B	niedrigster Pegelstand in einem gewissen Zeitraum	tiefster Punkt in einem Tal	geringster Umsatz in einem gewissen Zeitraum
Punkt C	Beginn der Messung: tiefster Pegelstand im gesamten Zeitraum des Messens	Beginn der Radtour am tiefsten Punkt der gesamten Tour	Beginn des Verkaufs, kein Umsatz
Punkt D	Ende der Messung: höchster Pegelstand in einem gewissen Zeitraum	Ende der Radtour: am Hang, höchster Punkt in einer Umgebung	höchster Umsatz in einem gewissen Zeitraum am Ende

b) Die untere Kurve ist der Graph der Ableitung der Funktion nach der Zeit. Dort, wo der Pegelstand (der Tourweg, der Umsatz) sein Maximum erreicht, hat die Ableitungsfunktion, die die zeitlichen Änderungsraten angibt, den Wert null (Punkt A). Anschließend geht die Änderungsrate in den negativen Bereich. Die Geschwindigkeit der Abnahme nimmt zunächst zu, dann wieder ab, ehe die Änderungsrate im Punkt B wieder den Wert null hat. Hier liegt ein Minimum des Pegelstandes (Tourweges, Umsatzes).

4. *Ableitungspuzzle*

(1) → (C); (2) → (B); (3) → (D); (4) → (A)

5. *Graphen aus Bedingungen*

(1) Die Punkte P, Q und R liegen zwar auf einer Geraden, wegen Bedingung B gibt es aber zwei Punkte mit waagerechten Tangenten, also kann es sich nicht um eine Gerade handeln.

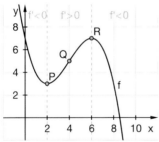

(2)

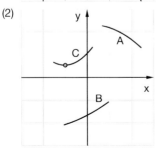

128 6. Eigenschaften Graphen zuordnen

$f'(a) = 0$ trifft auf a) und d) zu, denn beide Funktionen haben im
- Punkt $(a|f(a))$ eine waagerechte Tangente.
- „$f'(x) < 0$ für alle x" trifft nur auf b) zu.
- „$f'(x) > 0$ für $x < a$" trifft nur auf d) zu.

129 7. Sattelpunkte

a) $f(x) = x^3$ hat in $(0|0)$ einen Sattelpunkt.

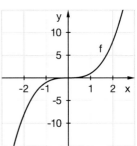

b) $f(x) = (x - 1)^3$
   $f'(x) = 3x^2 - 6x + 3$

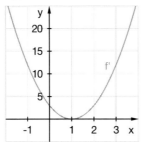

f' hat keinen Vorzeichenwechsel in $(1|0)$, also ist $(1|0)$ Sattelpunkt.

$g(x) = x^2(x - 2)$
$g'(x) = 3x^2 - 4x$

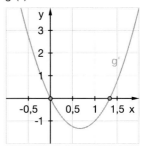

g' hat in $(0|0)$ und $\left(\frac{4}{3}|0\right)$ einen Vorzeichenwechsel, die Punkte sind also Extrempunkte.

$h(x) = x^3 + x$
$h'(x) = 3x^2 + 1$

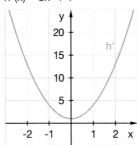

h' hat keine Nullstellen, also weder Extrem- noch Sattelpunkte.

$k(x) = 0{,}5x^4 - 3x^2 - 4x$
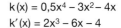
$k'(x) = 2x^3 - 6x - 4$

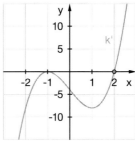

k' hat in $(-1|0)$ keinen Vorzeichenwechsel, also ist $(-1|1{,}5)$ Sattelpunkt.
k' hat in $(2|0)$ einen Vorzeichenwechsel, also ist $(2|-12)$ Extrempunkt.

8. *Genauer hingeschaut*
  a) Wenn f an der Stelle x_e einen lokalen Extremwert hat, dann ist $f'(x_e) = 0$.
  b) Für $f(x) = x^3$ gilt: $f'(0) = 0$, aber $(0|0)$ ist kein Extrempunkt.
  c) Die Aussage ist wahr, denn in diesem Fall hat f an der Stelle a keine waagerechte Tangente, bzw. gemäß dem Satz bei a) muss, falls a ein Extremum von f ist, $f'(a) = 0$ sein.

9. *Rechnerische Bestimmung besonderer Punkte*
  a) $f(x) = \frac{1}{3}x^3 - 4x$
  $f'(x) = x^2 - 4$
  HP$(-2|5,\overline{3})$; TP$(2|-5,\overline{3})$

  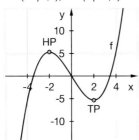

  b) $f(x) = \frac{1}{4}x^3 - 3x^2 + 9x$
  $f'(x) = \frac{3}{4}x^2 - 6x + 9$
  HP$(2|8)$; TP$(6|0)$

  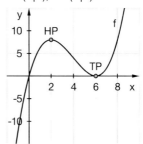

  c) $f(x) = 0{,}5x^4 - 3x^2$
  $f'(x) = 2x^3 - 6x$
  HP$(0|0)$; TP$(\pm\sqrt{3}|-4{,}5)$

  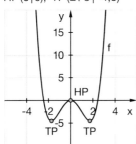

  d) $f(x) = \frac{1}{4}x^4 - \frac{3}{2}x^3 + 2$
  $f'(x) = x^3 - \frac{9}{2}x^2$
  SP$(0|2)$; TP$(4{,}5|-32{,}2)$

  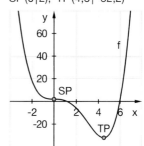

10. *Lokale und globale Extrema*
  (1) Lokale Extrempunkte: HP$(2{,}7|4)$; kein höherer Punkt in $[0; 5]$; tiefster Punkt $(0|-3{,}5)$.
  (2) Lokale Extrempunkte: HP$(2{,}5|2{,}5)$; tiefster Punkt $(5|-2{,}8)$.
  (3) Lokale Extrempunkte: TP$(1{,}2|0{,}5)$, HP$(2{,}8|1{,}8)$, TP$(4|1)$; höchster Punkt $(0|5{,}5)$.

130

11. *Lokale und globale Extrema*

   a) $f(x) = -x^3 + 6x$
      Hoch- und Tiefpunkte:
      $TP(-\sqrt{2}\,|-4\sqrt{2})$; $HP(\sqrt{2}\,|\,4\sqrt{2})$
      Globales Maximum: $f(-3) = 9$
      Globales Minimum: $-4\sqrt{2}$

   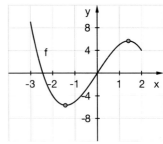

   b) Die Funktionswerte von ganzrationalen Funktionen vom Grad 3 streben von $-\infty$ nach ∞, es gibt also keine kleinsten bzw. größten Werte.

   c) $f(x) = \sqrt{x}$: Globales Minimum bei $x = 0$, keine lokalen Extremwerte und auch kein globales Maximum.
      $f(x) = \frac{1}{x}$ hat weder globale noch lokale Extremwerte.

   d) Ganzrationale Funktionen sind stetig („in einem Zug durchzeichenbar"). Wenn das der Fall ist, gibt es in jedem Intervall einen kleinsten oder größten Wert, der auch am Rand liegen kann.

12. *Was die Ableitung alles über die Funktion verrät*

   a) (1) $x = -2$ und $x = 4$ sind Nullstellen von f' mit Vorzeichenwechsel, also Extremstellen von f.
      In $(-2\,|\,0)$ ist der Vorzeichenwechsel von $-$ nach $+$, also liegt hier ein lokales Minimum vor.
      In $(4\,|\,0)$ ist der Vorzeichenwechsel von $+$ nach $-$, also liegt bei $x = 4$ ein lokales Maximum vor.
      (2) $f'(-1) = 5 > 0$, also hat die Tangente hier eine positive Steigung.
      (3) Da f' in $[-2;\,4]$ positiv ist, ist f hier monoton wachsend.

      Skizze:

      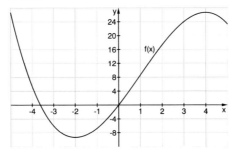

12. b) (1) Weil f'(x) > 0 für alle x gilt, hat f keine lokalen Extrema.
    (2) Bei x = 2 liegt ein globales Minimum von f', also hat f bei x = 2 die kleinste Steigung.
    (3) Weil f'(x) > 0 ist, wächst f monoton.

    Skizze:

    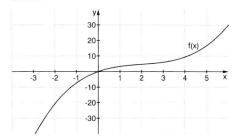

13. *Eigenschaften ganzrationaler Funktionen*
    (A) Die Ableitungen quadratischer Funktionen sind immer Geraden mit einer Steigung ungleich 0 (f(x) = ax^2 + bx + c; a ≠ 0 ⇒ f'(x) = 2ax + b).
    Diese Geraden haben immer Nullstellen mit Vorzeichenwechsel, wo das Monotonieverhalten wechselt.
    (B) f'(x) = 3x^2 + b > 0 für alle b > 0.
    (C) Die Ableitung von ganzrationalen Funktionen vom Grad 3 sind quadratische Funktionen, die maximal zwei Nullstellen haben.
    (D) f'(x) = n · x^{n-1}
    Wenn n gerade ist, ist n − 1 ungerade. Weil f(x) = x^n für ungerades n immer genau eine Nullstelle mit Vorzeichenwechsel haben, haben f(x) = x^n immer genau einen Extrempunkt.

14. *Kosten, Umsatz und Gewinn*
    U(x) = 25x
    Gewinn:
    G(x) = U(x) − K(x) = −0,1x^2 + 25x − 1000
    Maximaler Gewinn:
    G'(x) = −0,2x + 25 = 0 ⇒ x = 125
    G(125) = 562,50
    Der maximale Gewinn beträgt nach dem Modell 562,50 €.

    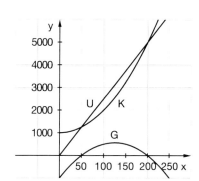

131

15. *Gewinnmaximierung*
    a) Zur Information an den Abteilungsleiter:

    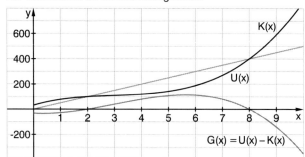

    „Im Diagramm sind – jeweils in Euro pro Tag – die Kosten K(x), die Erlöse U(x) und die Gewinne G(x) = U(x) – K(x) über der produzierten Stückzahl x (in Tausend pro Tag) aufgetragen.
    Das Unternehmen wird bei Produktionsmengen von 2000 bis 8000 Stiften pro Tag Gewinne erwirtschaften. Unterhalb von x = 2 sind die Anlauf- und Fixkosten noch nicht gedeckt, ab x = 8 wachsen verschiedene Kosten so stark (beispielsweise Lohnkosten), dass sich die Produktion nicht mehr lohnt. Im Wendepunkt von K ist die stärkste Gewinnzunahme, weil hier die Kostenzunahme am kleinsten ist. Das Gewinnmaximum liegt bei x = 6 (entspricht 6000 Stiften pro Tag)."
    b) Die Gewinnblase befindet sich in jenem Bereich, für den gilt: U(x) = K(x). Aus der Zeichnung liest man dafür x = 2 und x = 8 ab. Setzt man das in U(x) und K(x) ein, so sind die Werte identisch.
    Das genaue Gewinnmaximum bekommt man durch Ableiten von G(x): $x_M = 5{,}646$
    Das bedeutet: Bei 5646 produzierten Stiften wird das Gewinnmaximum erwirtschaftet.

16. *Kosten, Umsatz und Gewinn*
    a) / b) Vergleich der Modelle (x = produzierte Menge):
    $K_1(x) = 0{,}5x + 1$; $U_1(x) = 0{,}8x$; $G_1(x) = U_1(x) - K_1(x)$

    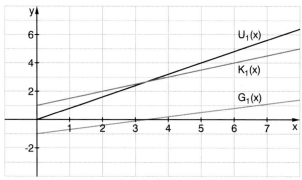

    Unrealistische Kostenfunktion, da der Gewinn ab 4 Stück linear wächst.
    Es gibt kein Gewinnmaximum.

16. a) / b) Fortsetzung

$K_2(x) = 0{,}01x^3 + 1;\quad U_2(x) = 1{,}5x;\quad G_2(x) = U_2(x) - K_2(x)$

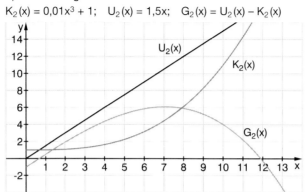

Bei K_2 wächst die Zunahme ab $x = 0$ an ($K_2''(x) > 0$ für $x \geq 0$). Eher erwartet man, dass die Zunahme der Kosten bis zu einem x_0 schrumpft (dort gilt dann $K_2''(x_0) = 0$) und ab dem x_0 wieder wächst.

Die Gewinnblase ist relativ groß: Schon ab einem (!) Stück wird ein Gewinn erwirtschaftet. Das Gewinnmaximum liegt ca. bei 7 Stück.

$K_3(x) = 0{,}2x^3 - 1{,}2x^2 + 2{,}4x + 1;\quad U_3(x) = 1{,}4x;\quad G_3(x) = U_3(x) - K_3(x)$

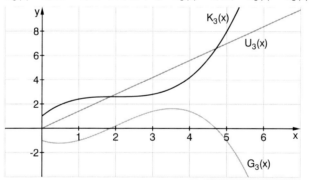

Wenig attraktive Kosten- und Gewinnstruktur, da nur eine kleine Gewinnblase entsteht. Die Kosten steigen ab 4 Stück rasch an. Das Gewinnmaximum wird zwischen drei und vier Einheiten erzielt.

131 16. a) / b) Fortsetzung
$K_4(x) = 0{,}1x^3 - 0{,}6x^2 + 1{,}7x + 1;\quad U_4(x) = 2x;\quad G_4(x) = U_4(x) - K_4(x)$

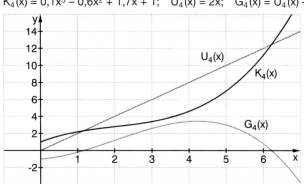

Wenig interessante Kosten- und Gewinnstruktur, Gewinne werden nur zwischen 2 und 6 Stück erwirtschaftet, die Kosten steigen ab x = 5 zu rasch. Das Gewinnmaximum liegt bei ca. 4 Stück.

Kopfübungen

1 a) $\frac{1}{8} = 0{,}125 = 12{,}5\,\%$ b) $\frac{1}{6} = 0{,}1\overline{6} \approx 0{,}167 = 16{,}7\,\%$
   c) $\frac{7}{8} = 0{,}875 = 87{,}5\,\%$ d) $\frac{14}{25} = 0{,}56 = 56\,\%$

2 Es ist eine antiproportionale Zuordnung (der Graph heißt Hyperbel);
$y = \frac{k}{x}$, k Konstante.

3 ca. 4,86 FE
Ansatz z. B. mit $A = \frac{1}{2} \cdot A_{\text{Quadrat}} - \frac{1}{4} \cdot A_{\text{Kreis}} = 8 - \frac{1}{4} \cdot \pi \cdot 2^2 = 8 - \pi \approx 4{,}86$

4 Etwa 1450 Personen (14,5 % von 10 000) werden mit der Anleitung Probleme bekommen.

132 17. *Eigenschaften einer Kurvenschar*
a)

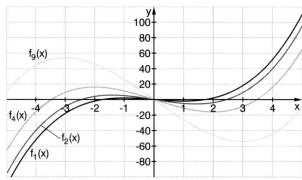

132

17. b) Die ersten drei Ableitungen von $f(x) = x^3 - 3ax$ sind:
$f'(x) = 3x^2 - 3a$

(1) $f'(x) = 0 \Rightarrow$ Extremstellen bei $x_1 = -\sqrt{a}$; $x_2 = \sqrt{a}$ ($a > 0$ ist vorgegeben)
Vorzeichenwechsel von f' von + nach − bei $x_1 = -\sqrt{a}$ $\Rightarrow$ Hochpunkt an der Stelle $x_1 = -\sqrt{a}$
Vorzeichenwechsel von f' von − nach + bei $x_2 = \sqrt{a}$ $\Rightarrow$ Tiefpunkt an der Stelle $x_2 = \sqrt{a}$

(2) Wegen $f'(x) = 3x^2 - 3a$ ist $f'(0) = -3a < 0$, also hat $f(x)$ eine negative Steigung im Ursprungspunkt. Man kann an $f'(x) = 3x^2 - 3a$ erkennen, dass der Graph von $f'(x)$ eine nach oben geöffnete Parabel ist, die für $x = 0$ ihren negativsten Wert hat. Also hat $f(x)$ in $x = 0$ die negativste Steigung.

(3) Tangente mit der Steigung $m = -8$ an $f_4(x) = x^3 - 12x$ im Intervall $I = [-2; 2]$:
Wir benutzen die erste Ableitung $f_4'(x) = 3x^2 - 12$
$\Rightarrow -8 = 3x^2 - 12 \Rightarrow x_{1,2} = \pm\sqrt{\frac{4}{3}} \approx \pm 1{,}15$
Das sind die x-Koordinaten der beiden Berührungspunkte
$B_1(-1{,}15 | f_4(-1{,}15))$ und $B_2(1{,}15 | f_4(1{,}15))$.
Zur Aufstellung der Tangentengleichungen benötigen wir jeweils noch einen Wert für b. Wir benutzen dazu die allgemeine Geradengleichung, in die wir $m = -8$ und die Koordinaten von B_1 bzw. B_2 einsetzen:
$y_1 = m_1 x_1 + b_1 \Rightarrow f_4(-1{,}15) = (-8)(-1{,}15) + b_1$
$\Rightarrow b_1 = 3{,}08$; t_1: $y(x) = -8x + 3{,}08$
$y_2 = m_2 x_2 + b_2 \Rightarrow f_4(1{,}15) = (-8)(1{,}15) + b_2$
$\Rightarrow b_2 = -3{,}08$; t_2: $y(x) = -8x - 3{,}08$

18. *Rechtecke unter Funktionsgraphen*

a) Zunächst legt man die Größe fest, die optimiert werden soll. Wir wählen t als halbe Breite des Rechtecks. Ein sinnvoller Bereich für t ist: $0 < t < 6$.
Die Höhe des Rechtecks ist zunächst die zweite variable Größe, die Funktionsgleichung von f liefert hier die Nebenbedingung.
Die Höhe des Rechtecks ist dann die y-Koordinate von $f(x)$ an der Stelle t. Damit erhält man für den Flächeninhalt: $A(t) = 2t \cdot \left(-\frac{1}{3}t^2 + 12\right)$, also: $A(t) = -\frac{2}{3}t^3 + 24t$.

Eine grafisch-tabellarische Untersuchung von $A(t)$ liefert den Hochpunkt $(3{,}46 | 55{,}426)$. Das Rechteck mit maximalem Flächeninhalt ist ca. 6,92 breit und hat einen Flächeninhalt von ca. 55,426.

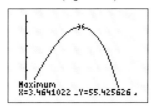

b) Mit $f(x) = -\frac{1}{3}x^2 + k$ erhält man für die Fläche des Rechtecks $A(t) = -\frac{2}{3}t^3 + 2kt$.
$A'(t) = -2t^2 + 2k = 0 \Rightarrow t = \sqrt{k}$; $A(\sqrt{k}) = \frac{4}{3}k\sqrt{k}$
Die Breite des Rechtecks hängt von k ab, sie wächst wie $y = \sqrt{x}$.

132 19. *Stühle*
a) Entwicklung der Produktionskosten:

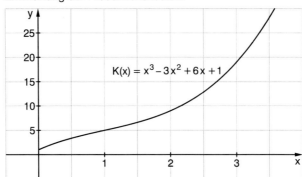

Am Anfang schrumpft die Zunahme der Produktionskosten bis x = 1. Sie ist bei x = 1 minimal. Ab x = 1 wächst die Zunahme der Produktionskosten.
Der Schnittpunkt von K mit der y-Achse gibt die Fixkosten an, die immer anfallen, auch wenn nichts produziert ist: K(0) = 1 (entspricht 10 000 €).

b) Die Änderung der Kosten ist dort am geringsten, wo K(x) die kleinste Steigung hat für x > 0, also wo K'(x) ein Minimum hat. Das ist der Fall bei x = 1.

c) p(x) ist der Erlös pro 100 Stück in 100 €, den das Unternehmen verbucht.
Es gilt: Gewinn G(x) = Umsatz $U_p(x)$ – Kosten K(x)
G(x) = $U_p(x)$ – K(x) = p · x – ($x^3 - 3x^2 + 6x + 1$)
      = $-x^3 + 3x^2 - (6 - p)x - 1$

Gewinnentwicklung in Abhängigkeit von p: Erst bei einem Preis von p = 4,3 (≙ 430 €) decken sich Umsatz und Kosten. Die Möbelfirma muss einen Stuhl für mindestens 430 € verkaufen, um in die Gewinnzone zu kommen.
Die Berechnungen gelten unter folgenden Voraussetzungen: Stabiler kontinuierlicher Absatz, keine Wettbewerbseffekte, konstante Kosten, insbesondere keine unvorhersehbaren kostenverändernden Ereignisse, keine Konkurrenz (da sonst der Preis auch noch variabel wäre)

d) Sinnvolle Umsätze: 50 < x < 300

Verkaufserlös (Euro/Stück)	Gewinnzone (Stück/Tag)	maximaler Gewinn Stückerlös/Gewinn in Euro
300	–	–
450	134–200	171 / 2070
600	64–288	200 / 30 000
700	46–321	215 / 50 791

132 19. d) Fortsetzung

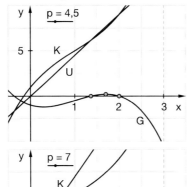

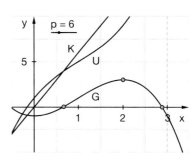

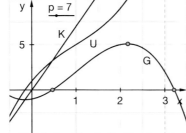

5.3 Ganzrationale Funktionen und ihre Graphen – Muster in der Vielfalt

133 1. *Geraden und Parabeln – bekannte ganzrationale Funktionen*
a) Gerade:
Aus der Geradengleichung f(x) = ax + b kann man unmittelbar den Schnittpunkt $S_y(0 \mid b)$ mit der y-Achse entnehmen. Der Faktor a gibt die Steigung der Geraden an bzw. den Winkel φ mit der x-Achse, denn es ist $\tan(\varphi) = a$.
Der Schnittpunkt der Geraden mit der x-Achse ist die Nullstelle x_{N_0} der Funktionsgleichung. Es ist $N_0\left(-\frac{b}{a} \mid 0\right)$.

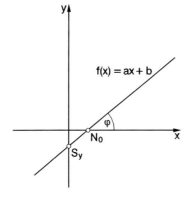

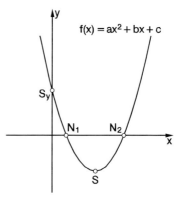

133

1. Fortsetzung
   a) Parabel:
   Aus der Normalform $f(x) = ax^2 + bx + c$ der Parabel lassen sich folgende Informationen über den Graphen gewinnen:
   (1) Öffnung der Parabel nach oben oder unten: Vorzeichen von a ist + oder –
   (2) Streckung/Stauchung gegenüber der Normalparabel längs y-Achse, Streckfaktor $|a| > 1$, Stauchfaktor $|a| < 1$
   (3) y-Achsenabschnitt c
   (4) Nullstellen: Schnittpunkte mit der x-Achse, über die abc-Formel
   $$x_{1,2} = \frac{-b \pm \sqrt{b^2 - 4ac}}{2a}$$ bzw. pq-Formel
   $$x_{1,2} = -\frac{p}{2} \pm \sqrt{\left(\frac{p}{2}\right)^2 - q}, \; p = \frac{b}{a}, \; q = \frac{c}{a}$$
   Alle Geraden sind kongruent, das gilt nicht für die Parabeln.
   b) Aus den Ableitungen lassen sich folgende Informationen über den Graphen gewinnen:
   (1) Steigung der Tangenten in Punkten auf der Parabel
   (2) Scheitelpunkt: Hochpunkt oder Tiefpunkt
   (3) Krümmung der Parabel

2. *Typen von Graphen ganzrationaler Funktionen dritten Grades*
   a) Der Graph einer ganzrationalen Funktion dritten Grades erstreckt sich bei positivem Koeffizienten von x^3 vom III. Quadranten in den I. Quadranten oder er erstreckt sich bei negativem Koeffizienten von x^3 vom II. Quadranten in den IV. Quadranten.
   Es lassen sich drei verschiedene Typen finden, eingeteilt nach der Zahl der Stellen mit waagerechten Tangenten (zwei, eins oder null):
   (1) zwei verschiedene Extremstellen, dazwischen ein Wendepunkt
   (2) ein Sattelpunkt
   (3) nur ein Wendepunkt

133 2. b) Die drei Parabeln unterscheiden sich im Wesentlichen durch die Anzahl der Nullstellen. Diese Nullstellen sind die Stellen, wo der Graph von f(x) Extremwerte (Maximum und/oder Minimum) oder einen Sattelpunkt besitzt. Zu den Graphen möglicher Funktionen f gehört die jeweilige Ableitungsfunktion f' (in diesen Fällen Parabeln).

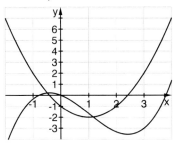
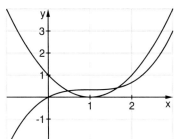
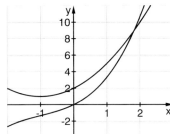

c) Die höchste x-Potenz bestimmt das Verhalten des Graphen für $x \to \infty$ bzw. $x \to -\infty$. In unserem Falle ist es also der Term ax^3.
Für $a > 0$ gilt: Für $x \to \infty \Rightarrow f(x) \to \infty$ bzw. für $x \to -\infty \Rightarrow f(x) \to -\infty$
Für $a < 0$ gilt: Für $x \to \infty \Rightarrow f(x) \to -\infty$ bzw. für $x \to -\infty \Rightarrow f(x) \to \infty$
Man kann feststellen, dass bei $a < 0$ die Ableitungen von f(x) immer nach unten geöffnete Parabeln sind.

134 3. *Forschungsaufgabe: Nullstellen von ganzrationalen Funktionen dritten Grades*
Eine ganzrationale Funktion dritten Grades hat mindestens eine und maximal drei Nullstellen.
Die Funktion $f(x) = (x-1)(x-2)(x-3) = x^3 - 6x^2 + 11x - 6$ hat die drei Nullstellen $x_1 = 1$, $x_2 = 2$ und $x_3 = 3$.
f(x) hat den lokalen Hochpunkt H(1,42; 0,45) und den lokalen Tiefpunkt T(2,58; –0,39).
Wenn man den Graphen von f(x) um den Betrag der y-Koordinate des Hochpunktes nach unten verschiebt, sodass die x-Achse waagerechte Tangente des Hochpunktes wird, dann hat f(x) nur zwei Nullstellen.
Wenn man den Graphen von f(x) um den Betrag der y-Koordinate des Tiefpunktes nach oben verschiebt, sodass die x-Achse waagerechte Tangente des Tiefpunktes wird, dann hat f(x) ebenfalls nur zwei Nullstellen. Liegt der Hochpunkt unterhalb der x-Achse bzw. der Tiefpunkt oberhalb der x-Achse, dann hat f(x) nur eine Nullstelle.

134 4. *Variation der charakteristischen Typen*
Typisierung von Graphen ganzrationaler Funktionen dritten Grades II
$f(x) = ax^3 + bx^2 + cx + d$ $(a < 0)$

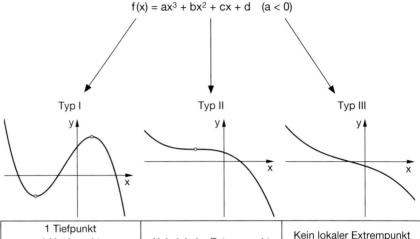

Typ I	Typ II	Typ III
1 Tiefpunkt 1 Hochpunkt 2 Punkte mit waagerechter Tangente	Kein lokaler Extrempunkt 1 Sattelpunkt	Kein lokaler Extrempunkt Kein Punkt mit waagerechter Tangente

1. Ableitung f'

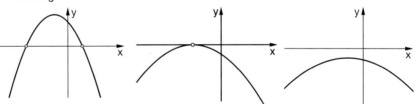

135 5. *Drei Funktionen vom Typ I*
Nachweis von Typ I für die Funktionen f, g und h:
(1) Die erste Ableitung von $f(x) = x^3 - 4x$ ist $f'(x) = 3x^2 - 4$.
Die lokalen Extrempunkte liegen bei $x_{1,2} = \pm\sqrt{\frac{4}{3}} \approx \pm 1{,}15$.
(2) Die erste Ableitung von $g(x) = (x-1)(x+2)^2 = x^3 + 3x^2 - 8x + 4$ ist
$g'(x) = 3x^2 + 6x - 8$.
Die lokalen Extrempunkte liegen bei $x_{1,2} = -1 \pm \sqrt{\frac{11}{3}} \approx -1 \pm 1{,}9$.
(3) Die erste Ableitung von $h(x) = -0{,}5(x-2)^2(x+1) + 4 = -0{,}5x^3 + 1{,}5x^2 + 2$ ist
$h'(x) = -1{,}5x^2 + 3x$.
Die lokalen Extrempunkte liegen bei $x_1 = 0$ und $x_2 = 2$.

6. *Genau ein Extrempunkt?*
Falsche Aussage: Bei Extremstellen erfolgt ein Vorzeichenwechsel (VZW) bei f'. Wenn aber der Scheitelpunkt auf der x-Achse liegt, ist entweder $f'(x) \geq 0$ oder $f'(x) \leq 0$ für alle x aus D_f. Es kann also nie ein VZW stattfinden.

7. *Die drei Graphentypen in einer Funktionenschar*
Man kann den Wert von k als y-Koordinate des Schnittpunktes vom Graphen von $f_k(x)$ mit der y-Achse ablesen, denn es ist $f_k(0) = k$.
(1) $k = -1$ (2) $k = 2$ (3) $k = 0$

8. *Funktionenscharen*
a) $k > 0$: Typ I
$k = 0$: Typ II
$k < 0$: Typ III
$f_k'(x) = 3x^2 - k = 0$
$\Rightarrow x^2 = \frac{k}{3}$
$k > 0$: $x_{1,2} = \pm\sqrt{\frac{k}{3}}$
$k = 0$: $x = 0$
$k < 0$: keine Lösung

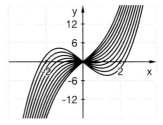

b) $k = 0$: $f_0(x) = -x^2$
$k \neq 0$: Typ III
$f_k'(x) = kx^2 - 2x = x(kx - 2) = 0$
$\Rightarrow x_1 = 0$; $x_2 = \frac{2}{k}$
Es gibt für $k \neq 0$ immer zwei Lösungen.

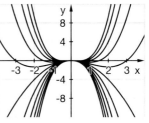

c) $k > 0$: Typ I
$k < 0$: Typ III
$f_k'(x) = \frac{3}{k}x^2 - 3 = 0$
$\Rightarrow x^2 = k$
$k > 0$: $x_{1,2} = \pm\sqrt{k}$
$k < 0$: keine Lösung

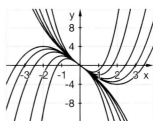

9. *Sortieren nach Nullstellen*
a) Wir berechnen $f(-1) = -1 - 2 + 1 + 2 = 0$; $f(1) = 1 - 2 - 1 + 2 = 0$ und $f(2) = 8 - 8 - 2 + 2 = 0$. Zum Ziel führt auch das Ausmultiplizieren der Linearfaktoren mit den Gegenzahlen der Nullstellen:
$(x + 1) \cdot (x - 1) \cdot (x - 2) = (x^2 - 1)(x - 2) = x^3 - 2x^2 - x + 2 = f(x)$
b) $f(x) = x^3 - 2x^2 - x + 2$ hat bei $(-0{,}22 | 2{,}1)$ einen Hochpunkt und einen Tiefpunkt bei $(1{,}55 | -0{,}6)$. Wir definieren zwei neue Funktionen g und h:
$g(x) = f(x) + 0{,}6$ und $h(x) = f(x) - 2{,}1$

9. Fortsetzung

b)

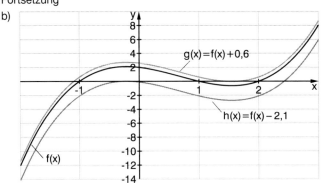

Wenn man f(x) zunächst in positive y-Richtung verschiebt, wandert der Tiefpunkt nach oben auf die x-Achse, f(x) hat dann nur noch zwei Nullstellen. Bei einer weiteren Verschiebung nach oben verschwindet die rechte Nullstelle, und es bleibt nur die linke Nullstelle, die auf der x-Achse nach links wandert.

Umgekehrt: Wenn man f(x) in negative y-Richtung verschiebt, wandert der Hochpunkt nach unten auf die x-Achse, f(x) hat dann wieder nur noch zwei Nullstellen. Bei einer weiteren Verschiebung nach unten verschwindet die linke Nullstelle, und es bleibt nur die rechte Nullstelle, die auf der x-Achse nach rechts wandert. Wie groß die Verschiebungen auch sein mögen, eine Nullstelle ist immer vorhanden.

10. *Ein Produkt ist 0, wenn ein Faktor 0 ist.*

a) $f_1(x) = 2x^3 - 36x^2 + 36x - 432$
$f_2(x) = \frac{1}{2}x^3 - x^2 - 7{,}5x$
$f_3(x) = x^3 - 2x^2 + x - 2$
$f_4(x) = -x^3 + 2x^2 + x - 2$
$f_5(x) = -x^3 - 10x^2$
$f_6(x) = -x^3 + x^2 + 5x + 3$

b) Die Nullstellen dieser sechs Funktionen sind für:
$f_1(x)$: $x_0 = 6$ (6 ist dreifache Nullstelle)
$f_2(x)$: $x_{01} = -3$, $x_{02} = 5$, $x_{03} = 0$
$f_3(x)$: $x_0 = 2$
$f_4(x)$: $x_{01} = -1$, $x_{02} = 1$, $x_{03} = 2$
$f_5(x)$: $x_{01} = 0$, $x_{02} = -10$ (0 ist doppelte Nullstelle)
$f_6(x)$: $x_{01} = -1$, $x_{02} = 3$ (−1 ist doppelte Nullstelle)
Im Falle von $f_6(x)$ muss man den Term in der zweiten Klammer gleich null setzen und die quadratische Gleichung entweder mit der pq-Formel lösen oder aber man erkennt die erste binomische Formel für $(x + 1)^2$.

136 11. *Von den Nullstellen zum Funktionsterm*

a) $f(x) = (x - 4)(x + 2)(x - 7) = x^3 - 9x^2 + 6x + 56$ oder
$g(x) = -\frac{1}{4}f(x) = -\frac{1}{4}x^3 + \frac{9}{4}x^2 - \frac{3}{2}x - 14$ jeweils mit den Nullstellen
$x_1 = 4$; $x_2 = -2$; $x_3 = 7$

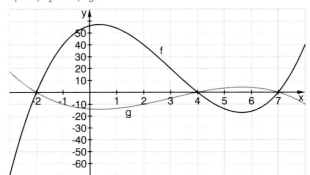

b) $f(x) = (x - 3)(x - 8)^2 = x^3 - 19x^2 + 112x - 192$ oder
$g(x) = (x - 3)^2(x - 8) = x^3 - 14x^2 + 57x - 72$ jeweils mit den Nullstellen
$x_1 = 3$; $x_2 = 8$

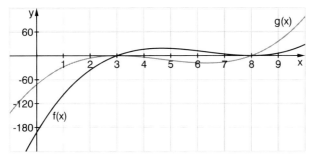

c) $f(x) = 6(x + 3)^3$ oder $g(x) = (x + 3) \cdot 2 \cdot (x^2 + 2x + 2)$, jeweils mit der Nullstelle $x_1 = -3$

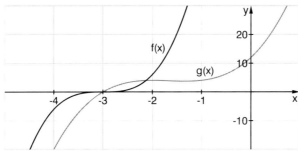

Man kann aus der Anzahl der Nullstellen der Funktion f(x) nicht auf die Anzahl der Extremstellen des Graphen von f(x) schließen.
Beispiel: $f(x) = \frac{1}{3}x^3 - x$ hat die drei Nullstellen $x_1 = -\sqrt{3}$; $x_2 = 0$ und $x_3 = \sqrt{3}$ und der Graph von f(x) hat ein lokales Maximum bei $\left(-\frac{1}{3} \mid \frac{2}{3}\right)$ und ein lokales Minimum bei $\left(\frac{1}{3} \mid \frac{2}{3}\right)$. Wenn wir nun den Graphen f um 1 nach oben verschieben, dann ist der Hochpunkt unter die x-Achse gerutscht und $f(x) = \frac{1}{3}x^3 - x + 1$ hat nur noch eine Nullstelle. Ähnlich ist es, wenn wir den Graphen f um 1 nach unten verschieben, dann ist der Tiefpunkt über die x-Achse gewandert und $f(x) = \frac{1}{3}x^3 - x - 1$ hat wiederum nur noch eine Nullstelle.

136 **12.** *Wie Minuszeichen Graphen verändern*
  (1) Ein Minus vor dem Funktionsterm spiegelt den Graphen an der x-Achse. Dabei bleiben die Nullstellen erhalten. Sie sind Fixpunkte.
  (2) Ein Minus vor der Variablen spiegelt den Graphen an der y-Achse. Die Anzahl der Nullstellen bleibt erhalten, sie sind entsprechend an der y-Achse gespiegelt.

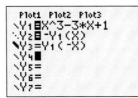 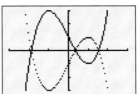 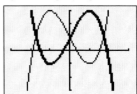

137 **13.** *Verschiedene Typen von Nullstellen*
  a) Im Diagramm:
  $f(x) = 0{,}5x^3 - x^2 - 2x + 4$ mit zwei Nullstellen
  $f'(x) = 1{,}5x^2 - 2x - 2$ ebenfalls mit zwei Nullstellen

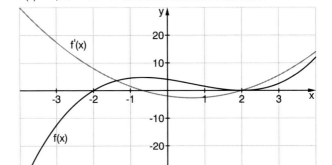

  b) $f(x) = 0{,}5x^3 - x^2 - x + 4$ — Graph mit zwei Nullstellen
  $g_1(x) = f(x) + 3 = 0{,}5x^3 - x^2 - x + 7$ — Graph mit einer Nullstelle
  $g_2(x) = f(x) - 1 = 0{,}5x^3 - x^2 - x + 3$ — Graph mit drei Nullstellen
  $g_3(x) = f(x) - 5 = 0{,}5x^3 - x^2 - x - 1$ — Graph mit zwei Nullstellen
  $f'(x) = g_1'(x) = g_2'(x) = g_3'(x)$ — Graph mit zwei Nullstellen

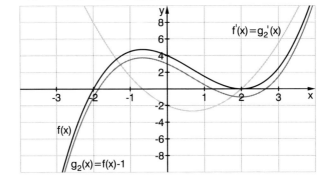

13. Fortsetzung

b) Die Graphen der Funktionen $g_1(x)$ bis $g_3(x)$ entstehen aus dem Graphen der Funktion f(x) durch Verschiebung längs der y-Achse um den hinzugefügten k-Wert. Dabei verändert sich die Anzahl der Nullstellen, wie oben beschrieben.
Die Ableitungsfunktionen $g_1'(x)$, $g_2'(x)$, $g_3'(x)$ und $f'(x)$ sind identisch, was bedeutet, dass für die vier Funktionen die Hochpunkte, die Tiefpunkte und die Wendepunkte jeweils die gleiche x-Koordinate besitzen. Die Graphen scheinen an den Enden des x-Intervalls zusammenzulaufen, aber das täuscht, denn tatsächlich bleibt der vertikale Abstand der Graphen untereinander stets konstant.
Zusammenfassung: Mit einer additiven Konstante k bei g_1 bis g_3 ändert sich die Lage und die Zahl der Nullstellen, bei g_1' bis g_3' bleibt Lage und Zahl der Nullstellen aber konstant.
(Grund: $g'(x) = (f(x) + k)' = f'(x) + k' = f'(x) + 0 = f'(x)$)

$f(x) = 0{,}5x^3 - x^2 - 2x + 4$ Graph mit zwei Nullstellen
$h_1(x) = 0{,}5 \cdot f(x) = 0{,}25x^3 - 0{,}5x^2 - x + 2$ Graph mit zwei Nullstellen
$h_2(x) = 2 \cdot f(x) = x^3 - 2x^2 - 4x + 8$ Graph mit zwei Nullstellen
$h_3(x) = (-0{,}5) \cdot f(x) = -0{,}25x^3 + 0{,}5x^2 + x - 2$ Graph mit zwei Nullstellen

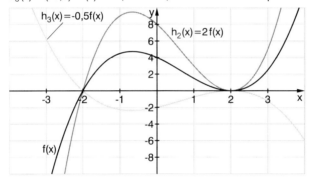

$f'(x) = 1{,}5x^2 - 2x - 1$ Graph mit zwei Nullstellen
$h_1'(x) = 0{,}75x^2 - x - 1$ Graph mit zwei Nullstellen
$h_2'(x) = 3x^2 - 4x - 4$ Graph mit zwei Nullstellen
$h_3'(x) = -0{,}75x^2 + x + 1$ Graph mit zwei Nullstellen

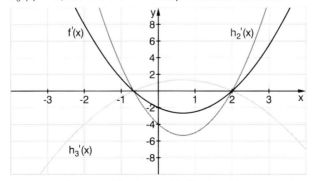

Zusammenfassung: Mit einer multiplikativen Konstante s bei h_1 bis h_3 ändert sich die Anzahl und Lage der Nullstellen nicht, bei h_1' bis h_3' ebenfalls nicht.

14. Verschiedene Typen von Nullstellen

a) Die Funktionen werden in leicht ableitbare Potenzfunktionen umgewandelt.

Funktionsgleichung:
$f_1(x) = 2x^3 - 4x^2 - 10x + 12$
$f_2(x) = x^3 - x^2 - 8x + 1$
$f_3(x) = 0{,}5x^3 - 3{,}5x^2 - 8{,}5x - 4{,}5$
$f_4(x) = x^3 + 4x^2 + 4x + 3$
$f_5(x) = 0{,}5x^3 + 1{,}5x^2 + 1{,}5x + 0{,}5$
$f_6(x) = x^3 - x^2 + 4x - 4$

Ableitung:
$f_1'(x) = 6x^2 - 8x - 10$
$f_2'(x) = 3x^2 - 2x - 8$
$f_3'(x) = 1{,}5x^2 - 7x - 8{,}5$
$f_4'(x) = 3x^2 + 8x + 4$
$f_5'(x) = 1{,}5x^2 + 3x + 1{,}5$
$f_6'(x) = 3x^2 - 2x + 4$

Bei doppelter und dreifacher Nullstelle x_N ist $f'(x_N) = 0$.

b) Eine Darstellung von $f(x)$ in der Produktform liefert uns unmittelbar die Nullstellen von $f(x)$, indem man die einzelnen Faktoren gleich null setzt und nach x auflöst. Bestehen die Faktoren aus quadratischen Termen der Form $(x-a)^2$, so spricht man von $x_0 = a$ als einer „zweifach belegten" Nullstelle. Ist ein Faktor ein kubischer Term der Form $(x+b)^3$, so spricht man von $x_0 = -b$ als einer „dreifach belegten" Nullstelle.

	Graph	Funktionsterm
doppelte Nullstelle	Extremum hat den Wert 0.	quadratischer Term
dreifache Nullstelle	Sattelpunkt hat den Wert 0.	kubischer Term

15. Graphen aus Einzelinformationen erschließen

a) Nullstellen: 1; −2 (doppelt); 4
S_y: (0|16)

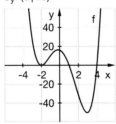

b) Nullstellen: 0; −1 (dreifach)
S_y: (0|0)

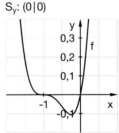

c) Nullstellen: 0; −0,5 (doppelt)
S_y: (0|0)

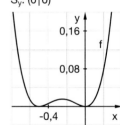

d) Nullstellen: $\sqrt{2}$; $-\sqrt{2}$; −1
S_y: (0|−2)

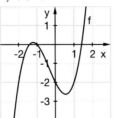

e) Nullstellen: 3; −3
S_y: (0|−9)

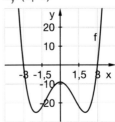

f) Nullstellen: 0; 1; 2; 3
S_y: (0|0)

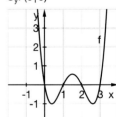

16. *Nullstellen ganzrationaler Funktionen vom Grad n ≥ 3*

a)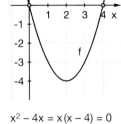

$x^2 - 4x = x(x - 4) = 0$
$\Rightarrow x_1 = 0;\ x_2 = 4$

b)

$x_{1,2} = 3 \pm \sqrt{5}$

c)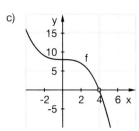

$x = \sqrt[3]{64} = 4$

d)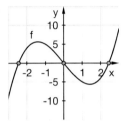

$x^3 - 6x = x(x^2 - 6) = 0$
$\Rightarrow x_1 = 0;\ x_{2,3} = \pm\sqrt{6}$

e)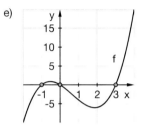

$x^3 - 2x^2 - 3x$
$= x(x^2 - 2x - 3) = 0$
$\Rightarrow x_1 = 0;\ x_2 = 3;\ x_3 = -1$

f)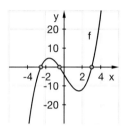

kein rechnerisches Verfahren bekannt

g)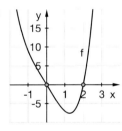

$x^4 - 8x = x(x^3 - 8) = 0$
$\Rightarrow x_1 = 0;\ x_2 = \sqrt[3]{8} = 2$

h)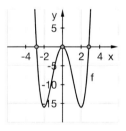

$x^4 - 8x^2 = x^2(x^2 - 8) = 0$
$\Rightarrow x_1 = 0;\ x_{2,3} = \pm\sqrt{8}$

i)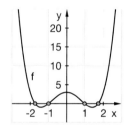

$z = x^2:\ z^2 - 4z + 3 = 0$
$\Rightarrow z_1 = 1;\ z_2 = 3$
$\Rightarrow x_{1,2} = \pm 1;\ x_{3,4} = \pm\sqrt{3}$

j)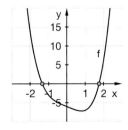

kein rechnerisches Verfahren bekannt

17. *Nullstellen*

a) Mit „Produkt = Null"-Regel: Nullstellen bei $x_1 = 0$; $x_2 = 5$; $x_3 = -1{,}5$

b) Nach Ausklammern von x^3 und mit „Produkt = Null"-Regel:
Nullstellen bei $x_1 = 0$; $x_2 = -0{,}6$ (dreifache Nullstelle bei 0)

c) Nach Ausklammern von x und mit pq-Formel:
Nullstellen bei $x_1 = 0$; $x_2 = \frac{3 + \sqrt{17}}{2}$; $x_3 = \frac{3 - \sqrt{17}}{2}$

d) $f(x) = (x^2 - 1)^2$; $x_{1,2} = \pm 1$

e) $x_{1,2} = \pm \sqrt{7}$

f) Substitution: $z = x^2$: $z^2 - 5z + 4 \Rightarrow z_1 = 1$; $z_2 = 4$, also $x_{1,2} = \pm 1$; $x_{3,4} = \pm 2$

g) $f(x) = 0$: $x^4 - 12x^2 + 35 = 0$; Substitution: $z = x^2 \Rightarrow z_1 = 5$; $z_2 = 7$, also $x_{1,2} = \pm\sqrt{5}$; $x_{3,4} = \pm\sqrt{7}$

h) Es ist kein algebraisches Lösungsverfahren bekannt:
$x_1 \approx -1{,}78$; $x_2 \approx 0{,}28$; $x_3 = 1$.
Nachweis zu $x = 1$: $f(1) = 0$

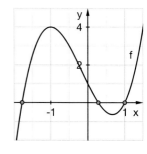

i) $f(x) = 3x^2(x^2 - 2) \Rightarrow x_1 = 0$; $x_{2,3} = \pm\sqrt{2}$

18. *Verschiedene Bilder – eine Funktion*

a) Alle drei Schüler haben jeweils einen richtigen Graphen von f(x) gezeichnet. Die Unterschiede kommen durch die unterschiedlichen Maßstäbe auf der x-Achse und auf der y-Achse zustande. In der ersten Grafik kann man die Koordinaten der Extrempunkte und der Wendestellen noch einigermaßen gut ablesen. Die zweite Grafik ist gegenüber der ersten um den Faktor ca. 10 längs der y-Achse und um den Faktor ca. 2 längs der x-Achse gestaucht. Immerhin ist das Vorhandensein von Extrempunkten und von Wendepunkten noch erkennbar, jedoch nicht mehr deren genaue Lage, was aber bezüglich der Nullstellen noch möglich ist. In der dritten Grafik ist der Graph sehr gestaucht (Faktor ca. 3000 längs der y-Achse und Faktor ca. 4 längs der x-Achse). Nun sind Extremstellen, Wendepunkte und Nullstellen nicht mehr erkennbar. Aber man kann noch erkennen, dass der Grad von f(x) gerade und mindestens gleich 4 sein muss und außerdem, dass der Graph nicht achsensymmetrisch zur y-Achse ist.

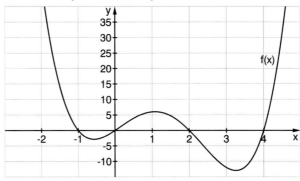

Man sieht, dass der erste Graph aus dem Schülerband diesem berechneten Graphen sehr gut entspricht.

18. b)

Abgebildet ist der Graph von f(x). Die großen Maßstäbe auf den Achsen des Koordinatenkreuzes nivellieren die Besonderheiten des Graphen in der Umgebung des Ursprungspunktes.	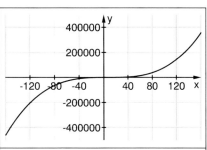
In diesem Ausschnitt sind die Besonderheiten des Graphen nicht zu erkennen; der Graph ähnelt dem einer quadratischen Funktion (g(x) = −2,1x² + 2x).	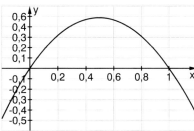
In dieser Grafik sind alle Informationen über die besonderen Punkte des Graphen enthalten: Nullstellen, Extrempunkte und Wendepunkt. Insofern ist dieses Bild die aussagekräftigste Grafik zu der Funktion.	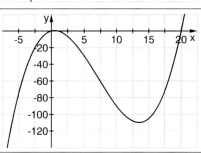

19. *Verschiedene Bilder – eine Funktion*

Alle drei Bilder zeigen nur Ausschnitte, weil die Skalierung der x-Achse zu klein ist.

(1) Der Graph unter $f_1(x) = x^3 - 12x^2 + 20x$ könnte irrtümlich als Graph einer nach unten geöffneten Parabel angesehen werden. Tatsächlich sieht der Graph von $f_1(x)$ so aus:

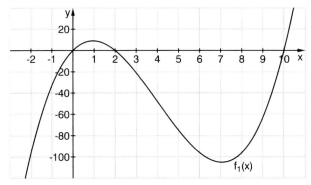

19. Fortsetzung

(2) Der Graph unter $f_2(x) = x^4 - 10x^3 - 7x^2 + 76x - 60$ könnte irrtümlich als Graph einer Funktion 3. Grades angesehen werden. Der Graph von $f_2(x)$ sieht so aus:

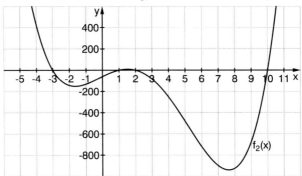

(3) Der Graph unter $f_3(x) = 2x^3 - 6x^2 + 12x$ lässt keine präzisen Aussagen über f_3 zu. Der Graph von $f_3(x)$ sieht so aus:

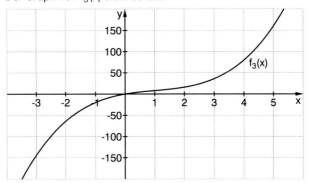

Kopfübungen

1 Alle reellen Zahlen x mit x > 3 oder x < −3 (z. B. −3,04; 3,001).

2 Produktgleichheit $\Rightarrow$ y · x = 3 (x ≠ 0) $\Rightarrow$ y = $\frac{3}{x}$
Ein weiterer Punkt ist z. B. (0,5 | 6).

3 Nur (B) stimmt.
Die Winkel bleiben unverändert, der Flächeninhalt wird verneunfacht.

4 Möglich: 36 Augenzahl-Paare
Günstig: (1,5); (2,5); (3,5); (4,5); (5,5); (6,5); (5,1); (5,2); (5,3); (5,4); (5,6)
$\Rightarrow$ p = $\frac{11}{36}$

20. „Zwillingspaare"

A: Die beiden Funktionen $f_1(x)$ und $f_2(x)$ sind biquadratische Funktionen. Sie sind deshalb achsensymmetrisch zur y-Achse. Der Unterschied beider Graphen ist, bedingt durch den Term $-0,1x^2$, so gering, dass er in der Grafik kaum erkennbar ist. Der Term $-0,1x^2$ staucht im Prinzip den Graphen längs der y-Achse, weshalb man feststellen kann, dass $f_1(x)$ in der Grafik abgebildet ist. Es ist nämlich $f_1(1) = 1,9 < 2$.

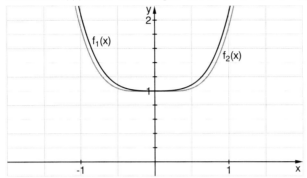

B: Die beiden Funktionen $f_3(x)$ und $f_4(x)$ unterscheiden sich nur im mittleren Term. Im Lehrbuch dargestellt ist $f_3(x)$, denn die Nullstelle liegt links von -1.

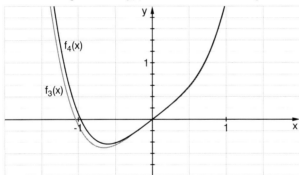

A ist ein Beispiel für (1); B ist ein Beispiel für (2).
(1) Bei A suggeriert die Grafik gleiches Aussehen, ein Unterschied ist nur mit Mühe zu erschließen; die Berechnung der Extrempunkte zeigt den Unterschied und klärt auf.
(2) Bei B können die Extrempunkte nicht rechnerisch bestimmt werden, hier ist man auf grafisch-numerisches Lösen angewiesen.
Die Untersuchungen zu A und B zeigen das fruchtbare Wechselspiel von rechnerischen und grafisch-numerischen Methoden.

21. *Wanted: Funktionsgleichung*
a) $f(x) = (x+1)^2 \cdot (x-2) \cdot (x-3)$
b) $f(x) = x^2 \cdot (x^2 - 1) \cdot (x^2 - 4)$
c) $f(x) = x^3 \cdot (x+2)^3 \cdot (x-1)$
d) $f(x) = \sin(x)$
e) $f(x) = -x \cdot (x-1) \cdot (x-2) \cdot (x-3) \cdot (x-4) \cdot (x-5)$
f) $f(x) = 2 \cdot (x+1)^2 \cdot x^2 \cdot (x-2)^2$

22. *0, 1, 2, 3, 4, 5, 6 Nullstellen*

a) Sechs Linearfaktoren führen beim Ausmultiplizieren auf ein Polynom vom Grad 6; wenn es 7 Nullstellen gäbe, wäre der Grad mindestens 7.

b) $f_0(x) = x^6 + 1$
$f_1(x) = x^6$
$f_2(x) = x^6 - 1$
$f_3(x) = x^2 \cdot (x-1)^2 \cdot (x-2)^2$
$f_4(x) = x^2 \cdot (x-1)^2 \cdot (x-2) \cdot (x-3)$
$f_5(x) = x^2 \cdot (x-1) \cdot (x-2) \cdot (x-3) \cdot (x-4)$
$f_6(x) = x \cdot (x-1) \cdot (x-2) \cdot (x-3) \cdot (x-4) \cdot (x-5)$

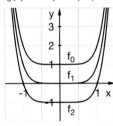
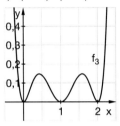
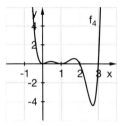
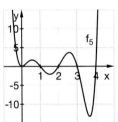
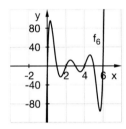

23. *Eine Klassifikation mit Schmunzeln*

Die Bilder zu Aufgabe 22 zeigen dies. Wenn man ganzrationale Funktionen in Linearfaktorzerlegung angibt, dann führt jede Erweiterung um einen Linearfaktor mit Nullstelle zu einmal mehr ‚Hin-und-Herwackeln'.

Funktionen, die gar nicht wackeln: Exponentialfunktionen und Geraden.

Funktionen, die nur wackeln: Winkelfunktionen.

Kapitel 6
Orientieren und Bewegen im Raum

Didaktische Hinweise

Im Mittelpunkt des Kapitels steht das Zusammenspiel von Geometrie und Algebra, wie es in der Abbildung zum Ausdruck kommt:

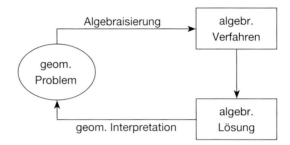

Ein wesentliches Hilfsmittel sind dabei die Koordinaten. In der Ebene haben die Schülerinnen und Schüler das Koordinatensystem mit x-Achse und y-Achse schon häufig benutzt, insbesondere im Zusammenhang mit Funktionen und Graphen. Schwieriger wird dieses Wechselspiel in der Geometrie des Raumes, vor allem, weil die Zusammenhänge sich hier nicht mehr so leicht veranschaulichen lassen. Wir müssen entweder auf ein reales räumliches Modell zurückgreifen oder mithilfe geschickter „Schrägbilder" einen räumlichen Eindruck auf unserem Zeichenpapier wiedergeben. Solche Fähigkeiten zum Zeichnen von Schrägbildern gehören ebenso zu den mathematischen Fähigkeiten wie das Rechnen. Mit dem Computer steht uns heute ein Werkzeug zur Verfügung, mit dem wir solche Schrägbilder sehr anschaulich und sogar bewegt auf dem Bildschirm erzeugen können. Die zum Buch gehörige Software, zu finden im Downloadbereich unter *www.schroedel.de/nw-85811*, bietet hierfür benutzerfreundliche „Werkzeuge" an.

Mit dem Vektor wird ein weiterer tragfähiger Begriff eingeführt, mit dem viele geometrische Frage- und Problemstellungen mit rechnerischen/algebraischen Methoden bearbeitet werden können. Vektoren werden dabei zunächst als Zahlenpaare bzw. Zahlentripel eingeführt und geometrisch als Verschiebungen in der Ebene oder im Raum interpretiert.

Im ersten Lernabschnitt **6.1 „Orientieren im Raum – Koordinaten"** werden geometrische Objekte mithilfe von Zahlen und Gleichungen im Koordinatensystem beschrieben, untersucht und studiert. Vom Handeln und Denken erfolgt das Lernen in dem Dreischritt:
1. Begreifen des realen Modells,
2. Darstellen und Beschreiben im Koordinatensystem (Schrägbild),
3. Darstellen und Beschreiben im analytischen (mathematischen) Modell.

Dieser Dreischritt wird durch das Herstellen realer Modelle, das Betrachten geometrischer Objekte in der Umwelt und die Darstellung von Schrägbildern (in verschiedenen Perspektiven) per Hand und auf dem Computer unterstützt. Mit dem „Descartes-Lexikon" werden die in der SI bereits erfahrenen Verbindungen zwischen Geometrie und Algebra wieder aufgegriffen und sukzessive erweitert. Viele Aufgaben in diesem Lernabschnitt fordern zum Handeln und Experimentieren mit realen Bausteinen (z. B. Würfelschnitte mithilfe von Flüssigkeiten) und elektronischen Werkzeugen (z. B. Schnittlinien auf Würfelnetzen mit der CD „Raum und Form" (Best. Nr. 85495) oder Dachformen identifizieren mithilfe der zum Buch gehörigen Software) auf. In einem eigenen Projekt werden Schrägbilder mit gängiger Software (Tabellenkalkulation, CAS) selbst auf dem Computer erzeugt.

Ziele dieses Lernabschnitts
- Erfahrungen im Wechselspiel zwischen Geometrie und Algebra in der Ebene erweitern und auf den Raum übertragen
- dreidimensionale Objekte mithilfe von Koordinaten beschreiben
- Schrägbilder von räumlichen Objekten im Koordinatensystem zeichnen
- Objekte mit geeigneter Software auf dem Computer darstellen und bewegen können
- die neu erworbenen Kompetenzen in ebenen und räumlichen Objektstudien anwenden

Im Lernabschnitt **6.2 „Bewegen im Raum – Vektoren"** wird die oben beschriebene Objektorientierung beibehalten; mit der Einführung der Vektoren kommt ein neues mächtiges Werkzeug ins Spiel, mit dem vor allem Bewegungen im Raum erfasst werden können. Das Rechnen mit Vektoren eröffnet nun weitere Möglichkeiten zur Erkundung von geometrischen Objekten im Raum. Dabei ist es von besonderem Vorteil, dass dieses Rechnen mit Vektoren für die Ebene und den Raum in analoger Weise geschieht. Einige elementargeometrische Beziehungen (z. B. Schwerpunkt eines Dreiecks, Satz von Varignon) werden (wieder-) entdeckt und mithilfe von Vektoren bewiesen.

Ziele dieses Lernabschnitts
- Vektoren algebraisch als Zahlenpaare/Zahlentripel definieren und geometrisch als Verschiebungen in der Ebene/im Raum interpretieren
- Rechenoperationen (Addition und S-Multiplikation) ausführen und diese geometrisch interpretieren
- Linearkombinationen von Vektoren geometrisch interpretieren
- Strecken mithilfe von Vektoren auf Parallelität untersuchen
- Eigenschaften geometrischer Objekte mithilfe von Vektoren erkunden
- geometrische Sätze mithilfe von Vektoren begründen

Lösungen

6.1 Orientieren im Raum – Koordinaten

1. *„Descartes Lexikon" – Verbindung zwischen Geometrie und Algebra*
   a) A – 3, B – 1, C – 2
   b) Weitere Beispiele:

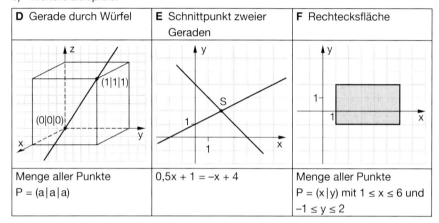

D Gerade durch Würfel	E Schnittpunkt zweier Geraden	F Rechtecksfläche
Menge aller Punkte P = (a|a|a)	0,5x + 1 = –x + 4	Menge aller Punkte P = (x|y) mit 1 ≤ x ≤ 6 und –1 ≤ y ≤ 2

2. *Körper im dreidimensionalen Koordinatensystem – Schrägbilder*
   a) Es ist ein regelmäßiges Sechseck.

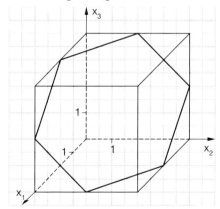
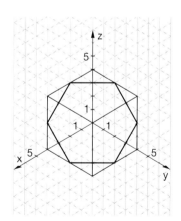

   b) Schüleraktivität.

152 3. *Mittenviereck*
a) Koordinaten der Seitenmittelpunkte:
$M_a = (1|-1)$, $M_b = (6|1)$, $M_c = (7|3,5)$, $M_d = (2|1,5)$
Seitenlängen des Mittenvierecks:
$d(M_a, M_b) = d(M_c, M_d) = \sqrt{29}$ und $d(M_a, M_d) = d(M_c, M_b) = \sqrt{7{,}25}$
b) Ja, denn nun gilt: $M_a = (1|-1)$, $M_b = (6|1)$, $M_c = (3|6)$, $M_d = (-2|4)$
$d(M_a, M_b) = d(M_c, M_d) = \sqrt{29}$
$d(M_a, M_d) = d(M_c, M_b) = \sqrt{34}$

4. *Diagonalen*
a) $F = (6|8|4)$, $G = (2|8|4)$, $H = (2|2|4)$

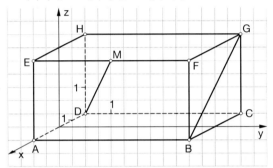

b) $\overline{DM}$ länger als $\overline{BG}$, weil $\overline{BG} = \overline{DE}$ und M Mittelpunkt von $\overline{EF}$.
$M = (6|5|4)$; $d(D, M) = \sqrt{34}$, $d(B, G) = 5$
c) Es kann nicht sein.
Die Strecke $\overline{BG}$ ist parallel zur xz-Ebene, da B und G dieselbe y-Koordinate haben.
$\overline{DM}$ verläuft schräg durch den Quader, da M und D nicht die gleiche y-Koordinate haben.

153 5. *Punkte im Würfel*
a) $A = (3|-3|-3)$
$B = (3|3|-3)$
$C = (-3|3|-3)$
$D = (-3|-3|-3)$
$E = (3|-3|3)$
$F = (3|3|3)$
$G = (-3|3|3)$
$H = (-3|-3|3)$

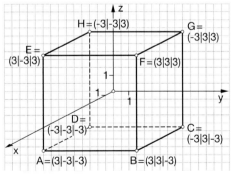

b) auf der Oberfläche: P_3, P_4
innerhalb: P_2, P_6
außerhalb: P_1, P_5
c) Q_1: Eckpunkt (B), Q_2: Mittelpunkt einer Kante ($\overline{AB}$),
Q_3: Mittelpunkt einer Fläche (Deckfläche)

154 6. *Dachformen*

a) In allen drei Fällen bilden die Punkte A, B, C, D ein Rechteck parallel zur xy-Ebene. Die Kante $\overline{EF}$ verläuft ebenfalls parallel zur xy-Ebene.
In I ist die y-Koordinate von F kleiner als die von B.
In II liegt F senkrecht über C und E senkrecht über B (x- und y-Koordinate stimmen überein).
In III stimmt die y-Koordinate von E mit der von A und D überein.
E liegt also in derselben parallelen Ebene zur xz-Ebene wie $\overline{AD}$.
Analog argumentiert man für F und die Kante $\overline{BC}$.
Also gilt:
I: Walmdach   II: Pultdach   III: Satteldach

b)

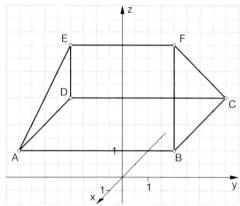

Walmdach

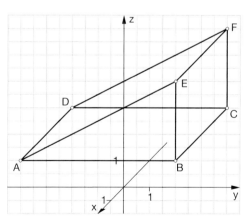

Pultdach

154   6. Fortsetzung
   b) Satteldach

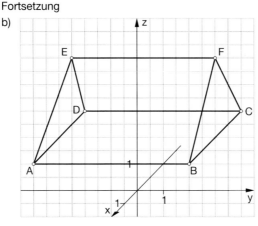

7. *Turm in verschiedenen Lagen im Koordinatensystem*
   a) A = (0|0|0), B = (0|4|0), C = (–4|4|0), D = (–4|0|0), E = (0|0|12), F = (0|4|12), G = (–4|4|12), H = (–4|0|12), S = (–2|2|18)
   b) Die x-Koordinate wird um 1 vergrößert, die y-Koordinate wird um 1 verkleinert, die z-Koordinate wird um 2 vergrößert.
   c) Z. B. können alle Koordinaten um 1 vergrößert werden.

8. *Ablesen von Punkten in einem Schrägbild*
   a) Es kann sein; so werden im „2-1-Koordinatensystem" z. B. alle Punkte P = (4a|2a|a) auf den Ursprung abgebildet. Man kann aus einem Bildpunkt im Schrägbild die Koordinaten des Urbildpunktes nicht ablesen.

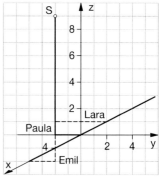

   b) Ja. S = (0|–2|9). (Im Aufgabentext müsste es genauer heißen: Das Quadrat hat die Seitenlänge 8.)
   c) Eine Pyramide mit gleichen Maßen hätte zum Beispiel die Eckpunkte:
      A = (0|0|–1), B = (–8|0|–1), C = (–8|–8|–1), D = (0|–8|–1), S = (–4|–4|8)

155   9. *Punktmengen – geometrisch und algebraisch*
   A – 4, B – 3, C – 2, D – 1

10. *Pyramidenpunkte*
    a) Schüleraktivität.
    b) I: w   II: w   III: f   IV: w   V: f   VI: w
    c) I) ein Punkt (die Spitze)   II) ein Quadrat
       III) ein Trapez   IV) ein Dreieck (das Dreieck ACS)

156 11. *Spiegeln*

a)
Spiegelung an	Bildpunkt A′	Bildpunkt B′	Bildpunkt C′
x-Achse	(2|−1)	(5|−0,5)	(3|−4)
y-Achse	(−2|1)	(−5|0,5)	(−3|4)
Ursprung	(−2|−1)	(−5|−0,5)	(−3|−4)
Winkelhalbierende	(1|2)	(0,5|5)	(4|3)

b)
Spiegeln an	xy-Ebene	xz-Ebene	yz-Ebene
Bildpunkt	(4|3|−2)	(4|−3|2)	(−4|3|2)

Spiegeln an	x-Achse	y-Achse	z-Achse	Ursprung
Bildpunkt	(4|−3|−2)	(−4|3|−2)	(−4|−3|2)	(−4|−3|−2)

Kopfübungen

1 a) −10   b) −5   c) $18\frac{3}{4} = 18{,}75$ d) 3

2 a) 0,15 · 12 + 3,30 = 5,10 (in €)
b) 0,15 · 8 + 3,30 = 4,50 (in €)
c) 0,15 · x + 3,30 (in €)

3 a und c sind parallel zueinander (siehe Stufenwinkel);
a und b schneiden sich oberhalb, b und c unterhalb des Bildausschnittes.

4 Miriam: Es gibt zwei Möglichkeiten, Zahl und Wappen zu werfen; und nur eine Möglichkeit, zwei Wappen zu werfen.

6.2 Bewegen im Raum – Vektoren

160 1. *Würfel im dreidimensionalen Koordinatensystem*
Die fehlenden Würfeleckpunkte sind:
C = (8|3|6)
F = (2|9|6)
G = (4|5|10)
H = (0|1|8)

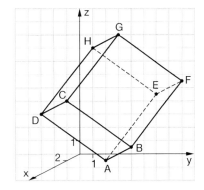

161 2. *Eine Spinne auf der Jagd*
a) weitere mögliche Wege: A → C → G, A → E → G, A → F → G, A → H → G
b) grüner Weg: A = (0|0|0) → P_1 = (8|8|0) → G = (8|12|4)

$$\vec{w}_g = \begin{pmatrix} 8 \\ 8 \\ 0 \end{pmatrix} + \begin{pmatrix} 0 \\ 4 \\ 4 \end{pmatrix} = \begin{pmatrix} 8 \\ 12 \\ 4 \end{pmatrix}$$

Länge: $12 \cdot \sqrt{2} = 16{,}97$

blauer Weg: A = (0|0|0) → P_2 = (6|12|0) → G = (8|12|4)

$$\vec{w}_b = \begin{pmatrix} 6 \\ 12 \\ 0 \end{pmatrix} + \begin{pmatrix} 2 \\ 0 \\ 4 \end{pmatrix} = \begin{pmatrix} 8 \\ 12 \\ 4 \end{pmatrix}$$

Länge: $8 \cdot \sqrt{5} = 17{,}89$
c) Schüleraktivität.

163 3. *Verschiebungsvektor*

a) $\vec{v} = \begin{pmatrix} 0 \\ -1 \\ 5 \end{pmatrix}$

B' = (6|7,5|6)
C' = (–2|2,5|5)

b) $\vec{v} = \begin{pmatrix} -2 \\ 4 \\ 3 \end{pmatrix}$

E = (–2|–4|–6)
F = (–1|0|–4)

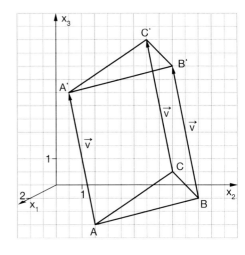

164 4. *Vektoren im Würfel*
a) Eckpunkte: A = (–1|0|3), B = (1|2|4), C = (2|0|6), D = (0|–2|5),
E = (–3|1|5), F = (–1|3|6), G = (0|1|8), H = (–2|–1|7)
Sie ergeben sich aus: $\vec{b} = \vec{a} + \vec{u}$, $\vec{c} = \vec{a} + \vec{u} + \vec{w}$, $\vec{d} = \vec{a} + \vec{w}$, $\vec{e} = \vec{a} + \vec{v}$,
$\vec{f} = \vec{a} + \vec{u} + \vec{v}$, $\vec{g} = \vec{a} + \vec{u} + \vec{v} + \vec{w}$, $\vec{h} = \vec{a} + \vec{v} + \vec{w}$
b) Die x_1-Koordinate wird jeweils um 2 vergrößert, die x_2-Koordinate wird jeweils um 1 verkleinert, die x_3-Koordinate wird jeweils um 4 vergrößert.

c) $\vec{v} = \begin{pmatrix} 3 \\ 4 \\ -7 \end{pmatrix}$

5. *Vektoren in Parkettierungen*

Zum Beispiel: $\begin{pmatrix} 2 \\ 0 \end{pmatrix}$, $\begin{pmatrix} -2 \\ 0 \end{pmatrix}$, $\begin{pmatrix} 0 \\ 2 \end{pmatrix}$, $\begin{pmatrix} 0 \\ -2 \end{pmatrix}$, $\begin{pmatrix} 2 \\ 2 \end{pmatrix}$, $\begin{pmatrix} 2 \\ -2 \end{pmatrix}$, $\begin{pmatrix} -2 \\ 2 \end{pmatrix}$, $\begin{pmatrix} -2 \\ -2 \end{pmatrix}$

Es eignen sich alle Vektoren, deren Koordinaten ganzzahlige Vielfache von 2 sind.

6. *Parkett aus gleichseitigen Dreiecken*
   a) d(A, B) = d(A, C) = d(B, C) = 2
   b) Von links nach rechts (orange, blau, gelb, grün):
   $\begin{pmatrix}-1\\\sqrt{3}\end{pmatrix}$, $\begin{pmatrix}1\\\sqrt{3}\end{pmatrix}$, $\begin{pmatrix}3\\\sqrt{3}\end{pmatrix}$, $\begin{pmatrix}2\\0\end{pmatrix}$

   Weitere Vektoren sind z. B. Vielfache dieser Vektoren.
   c) D = (5 | 2√3), E = (1 | 2√3), F = (5 | 0)

7. *Würfelverschiebungen*
   Liegen die Koordinatenachsen in der üblichen Anordnung auf den Würfelkanten, sodass der Ursprung in der hinteren, unteren, linken Ecke des roten Würfels liegt, so ergeben sich folgende Verschiebungsvektoren:
   rot → blau: $\begin{pmatrix}0\\4\\0\end{pmatrix}$, rot → grün: $\begin{pmatrix}-4\\4\\0\end{pmatrix}$, rot → gelb: $\begin{pmatrix}-4\\4\\4\end{pmatrix}$

8. *Dreiseitiges Prisma*
   Nein, denn $\overrightarrow{BE} = \begin{pmatrix}-2\\1\\3\end{pmatrix}$, aber $\overrightarrow{CF} = \begin{pmatrix}0\\2\\3{,}5\end{pmatrix}$.

   Es gibt keinen Verschiebungsvektor, der ABC auf DEF und auch keinen, der DEF auf ABC abbildet.

9. *Vektoren im Satteldach*
   $\vec{a} = \overrightarrow{CB} = \overrightarrow{HE} = \overrightarrow{GF}$, $\vec{b} = \overrightarrow{AB} = \overrightarrow{EF} = \overrightarrow{HG} = \overrightarrow{IK}$, $\vec{c} = \overrightarrow{AE} = \overrightarrow{BF} = \overrightarrow{CG}$, $\vec{d} = \overrightarrow{GK}$, $\vec{e} = \overrightarrow{FK}$

10. *Mehrere Pfeile für den gleichen Vektor*
    Verschiedene Vektoren: $\overrightarrow{DA}$, $\overrightarrow{DB}$, $\overrightarrow{DC}$, $\overrightarrow{DE}$, $\overrightarrow{DF}$, $\overrightarrow{DG}$, $\overrightarrow{DH}$, $\overrightarrow{DI}$, $\overrightarrow{DK}$, $\overrightarrow{DL}$, $\overrightarrow{AE}$, $\overrightarrow{AI}$, $\overrightarrow{AK}$, $\overrightarrow{AL}$, $\overrightarrow{IB}$, $\overrightarrow{IC}$ und deren Inverse.

11. *Orientierungslauf*
    $\overrightarrow{\text{Start A}} = \begin{pmatrix}3\\0\end{pmatrix}$; $\overrightarrow{AB} = \begin{pmatrix}2{,}5\\2{,}5\end{pmatrix}$; $\overrightarrow{BD} = \begin{pmatrix}1{,}5\\3\end{pmatrix}$; $\overrightarrow{DE} = \begin{pmatrix}-3\\0\end{pmatrix}$; $\overrightarrow{EC} = \begin{pmatrix}-2{,}5\\2\end{pmatrix}$; $\overrightarrow{CF} = \begin{pmatrix}1\\-3\end{pmatrix}$

    $\overrightarrow{\text{F Ziel}} = \begin{pmatrix}-2{,}5\\-4{,}5\end{pmatrix}$; Länge: 88,5

12. *Vektorzüge im Raum*
    a) Endpunkt: (4 | 2 | 0)
    b) Reihenfolge der Vektoren: $\vec{x}, \vec{z}, \vec{w}, \vec{y}$
    c) Die Längen sind gleich (Summe der Beträge der Vektoren).

167 13. *Diagonalen im Parallelogramm*
Aus $\overrightarrow{OB} = \vec{a} + \vec{c}$ und $\overrightarrow{CA} = -\vec{c} + \vec{a}$ folgt: $\overrightarrow{OB} + \overrightarrow{CA} = 2\vec{a}$ und $\overrightarrow{OB} - \overrightarrow{CA} = 2\vec{c}$

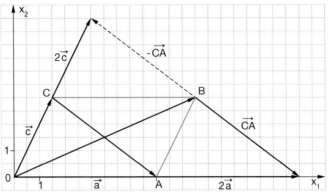

14. *Linearkombinationen im Quader*
a)

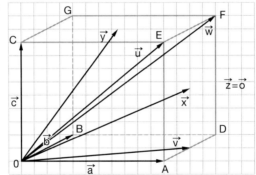

b) $\overrightarrow{OF} = \vec{a} + \vec{b} + \vec{c}$, $\overrightarrow{AG} = -\vec{a} + \vec{b} + \vec{c}$, $\overrightarrow{DC} = -\vec{b} - \vec{a} + \vec{c}$, $\overrightarrow{BE} = -\vec{b} + \vec{a} + \vec{c}$

15. *Mittelpunkt als Mittelwert*

a) $\frac{1}{2} \cdot (\vec{a} + \vec{b}) = \begin{pmatrix} 1 \\ 3{,}5 \\ 7{,}5 \end{pmatrix} = \vec{m}$

b) rechnerisch: $\vec{m} = \vec{a} + \frac{1}{2} \cdot (\vec{b} - \vec{a}) = \frac{1}{2} \cdot (\vec{a} + \vec{b})$
zeichnerisch: siehe Abb. im Buch

168 16. *Haus des Nikolaus*
a) Z. B.: $\vec{a} = \vec{f} + \vec{g}$, $\vec{a} = -\vec{e} - \vec{h}$, $\vec{a} = -\vec{e} - \vec{d} + \vec{g}$
b) $\vec{b} + \vec{c} + \vec{g} = \vec{0}$
c) Die Summe aller Vektoren ergibt den Vektor $\vec{e}$.

168 17. *Parallele Strecken*
a) Mit $M_a = (4,5|4,5)$, M_b $(2,5|5)$ und $M_c = (3|2,5)$ gilt:
   (1) $d(M_a, M_b) = \sqrt{4,25} = 0,5 \cdot \sqrt{17} = 0,5 \cdot d(A, B)$
   (2) $d(M_a, M_c) = \sqrt{6,25} = 2,5 = 0,5 \cdot \sqrt{25} = 0,5 \cdot d(A, C)$
   (3) $d(M_b, M_c) = \sqrt{6,5} = 0,5 \cdot \sqrt{26} = 0,5 \cdot d(B, C)$

b) Mit $M_a = (-1|5|3,5)$, $M_b = (0|3|3)$ und $M_c = (3|6|2,5)$ gilt:
   (1) $d(M_a, M_b) = \sqrt{5,25} = 0,5 \cdot \sqrt{21} = 0,5 \cdot d(A, B)$
   (2) $d(M_a, M_c) = \sqrt{18} = 0,5 \cdot \sqrt{72} = 0,5 \cdot d(A, C)$
   (3) $d(M_b, M_c) = \sqrt{18,25} = 0,5 \cdot \sqrt{73} = 0,5 \cdot d(B, C)$

18. *Krüppelwalmdach*
Elf verschiedene Vektoren:
(1) $\vec{AB} = \vec{DC} = \vec{EF} = \vec{HG}$ (2) $\vec{NO}$ (3) $\vec{AE} = \vec{BF} = \vec{CG} = \vec{DH}$
(4) $\vec{AD} = \vec{BC}$ (5) $\vec{IM} = \vec{KL}$ (6) $\vec{EI} = \vec{FK}$
(7) $\vec{HM} = \vec{GL}$ (8) $\vec{IN}$ (9) $\vec{MN}$
(10) $\vec{KO}$ (11) $\vec{LO}$

19. *Quader*
K_1 ist kein Quader, da $\vec{AE} = \vec{CG} = \vec{DH} = \begin{pmatrix} -2 \\ 2 \\ 2 \end{pmatrix}$, aber $\vec{BF} = \begin{pmatrix} -6 \\ 0 \\ 1 \end{pmatrix}$.
K_2 ist ein Quader.

20. *Spat*
$C = (-5|6|3)$, $F = (-2|8|10)$, $G = (-8|8|11)$, $H = (-9|2|9)$
$d(A, G) = 15,78\ldots$; $d(B, H) = 12,85\ldots$

169 21. *Sechseck im Würfel*
Parallel sind jeweils die Seiten, die in gegenüberliegenden Würfelflächen liegen. Die drei Diagonalen des Sechsecks, die durch den Mittelpunkt des Sechsecks gehen, sind jeweils zu dem Paar von Seiten parallel, die durch gegenüberliegende Würfelflächen verlaufen.

22. *Sechseck im Oktaeder*
Oktaeder: parallele Seiten $\overline{(2|2|0)(2|4|2)}$ und $\overline{(2|0|2)(2|2|4)}$

Zugehöriger Vektor: $\vec{v} = \begin{pmatrix} 0 \\ 2 \\ 2 \end{pmatrix}$

Sechseck: parallele Seiten $\overline{(2|1|3)(3|1|2)}$ und $\overline{(1|3|2)(2|3|1)}$

Zugehöriger Vektor: $\vec{v} = \begin{pmatrix} 1 \\ 0 \\ -1 \end{pmatrix}$

23. *Raute oder auch Quadrat?*
Es gilt $d(A, B) = d(C, D) = d(D, A) = 5 \cdot \sqrt{2}$. Es ist ein Quadrat, weil $d(A, C) = d(B, D) = 10$. Es ist die Diagonale $\vec{AC}$, die auf der $x_2 x_3$-Ebene verläuft.

169 24. *Viereckstyp bestimmen*
Beide Diagonalen haben den Mittelpunkt M = (0,5|0|3,5), sind aber nicht gleich lang $\left(\sqrt{42} \text{ bzw. } \sqrt{14}\right)$.
Die vier Seiten des Vierecks sind gleich lang $\left(\sqrt{14}\right)$. Also ist es eine Raute.

25. *Parallelogramme*
   a) Drei Punkte: $D_1 = (-1|-2)$, $D_2 = (-3|6)$, $D_3 = (7|0)$
   b) $\vec{d_1} = \vec{a} + \overrightarrow{BC}$, $\vec{d_2} = \vec{a} - \overrightarrow{BC}$, $\vec{d_3} = \vec{c} + \overrightarrow{AB}$
   c) $D_1 = (1|0|0)$, $D_2 = (7|4|-2)$, $D_3 = (-5|0|8)$

170 26. *Diagonalenschnittpunkt im Parallelogramm*

a) $\vec{s} = \vec{a} + \frac{1}{2}(\overrightarrow{AB} + \overrightarrow{BC}) = \begin{pmatrix}1\\1\end{pmatrix} + \frac{1}{2}\left(\begin{pmatrix}4\\1\end{pmatrix} + \begin{pmatrix}1\\2\end{pmatrix}\right)$

$= \begin{pmatrix}1\\1\end{pmatrix} + \frac{1}{2}\begin{pmatrix}5\\3\end{pmatrix} = \begin{pmatrix}3,5\\2,5\end{pmatrix}$

Also gilt: S = (3,5|2,5)

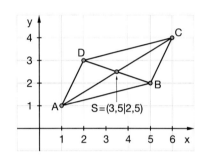

b) $\overrightarrow{OS} = \overrightarrow{OA} + \overrightarrow{AS}$
$= \overrightarrow{OA} + \frac{1}{2}\overrightarrow{AC}$
$= \overrightarrow{OA} + \frac{1}{2}(\overrightarrow{AB} + \overrightarrow{BC})$

c) Für D gilt:

$\overrightarrow{OD} = \overrightarrow{OA} + \overrightarrow{BC} = \begin{pmatrix}6\\6\\6\end{pmatrix} + \begin{pmatrix}1\\3\\5\end{pmatrix} = \begin{pmatrix}7\\9\\11\end{pmatrix}$

Somit gilt: D = (7|9|11)

Für S gilt: $\overrightarrow{OS} = \overrightarrow{OA} + \frac{1}{2}(\overrightarrow{AB} + \overrightarrow{BC})$

$= \begin{pmatrix}6\\6\\6\end{pmatrix} + \frac{1}{2}\left(\begin{pmatrix}-4\\-5\\-6\end{pmatrix} + \begin{pmatrix}1\\3\\5\end{pmatrix}\right) = \begin{pmatrix}6\\6\\6\end{pmatrix} + \frac{1}{2}\begin{pmatrix}-3\\-2\\-1\end{pmatrix} = \begin{pmatrix}4,5\\5\\5,5\end{pmatrix}$

Somit gilt: S = (4,5|5|5,5)

27. *Mittelparallele im Dreieck*

$\overrightarrow{M_{AC}M_{BC}} = \overrightarrow{M_{AC}A} + \overrightarrow{AB} + \overrightarrow{BM_{BC}}$

$= \frac{1}{2}\overrightarrow{CA} + \overrightarrow{AB} + \frac{1}{2}\overrightarrow{BC} = \frac{1}{2}\overrightarrow{CA} + \overrightarrow{AB} + \frac{1}{2}(\overrightarrow{BA} + \overrightarrow{AC}) = \frac{1}{2}\overrightarrow{CA} + \overrightarrow{AB} + \frac{1}{2}\overrightarrow{BA} + \frac{1}{2}\overrightarrow{AC}$

$= \frac{1}{2}\overrightarrow{CA} + \frac{1}{2}\overrightarrow{AC} + \overrightarrow{AB} + \frac{1}{2}\overrightarrow{BA} = \vec{0} + \frac{1}{2}\overrightarrow{AB} = \frac{1}{2}\overrightarrow{AB}$

Somit ist $\overrightarrow{M_{AC}M_{BC}}$ parallel zu $\overrightarrow{AB}$ und halb so lang wie $\overrightarrow{AB}$.

170

28. *Schwerpunkt eines Dreiecks*
    a) $M_{BC} = (8|6)$; $S = (6|5)$
    b) $\vec{s} = \vec{b} + \frac{2}{3}\overrightarrow{BM_{AC}} = \begin{pmatrix} 12 \\ 3 \end{pmatrix} + \frac{2}{3}\begin{pmatrix} -9 \\ 3 \end{pmatrix} = \begin{pmatrix} 6 \\ 5 \end{pmatrix}$,

    $\vec{s} = \vec{c} + \frac{2}{3}\overrightarrow{CM_{AB}} = \begin{pmatrix} 4 \\ 9 \end{pmatrix} + \frac{2}{3}\begin{pmatrix} 3 \\ -6 \end{pmatrix} = \begin{pmatrix} 6 \\ 5 \end{pmatrix}$

    c) $\vec{s} = \vec{q} + \frac{2}{3}\overrightarrow{QM_{RT}} = \begin{pmatrix} -2 \\ 3 \\ 10 \end{pmatrix} + \frac{2}{3}\begin{pmatrix} 1-(-2) \\ 3-3 \\ 7-10 \end{pmatrix} + \begin{pmatrix} 2 \\ 0 \\ -2 \end{pmatrix} = \begin{pmatrix} 0 \\ 3 \\ 8 \end{pmatrix} \Rightarrow S = (0|3|8)$

29. *Schwerpunkt eines Dreiecks als Mittelwert*
    a) $S = (-1|1|2)$
    b) Es gilt $\vec{m}_{BC} = \vec{b} + \frac{1}{2}(\vec{c} - \vec{b}) = \frac{1}{2}(\vec{b} + \vec{c})$. Daraus folgt $\overrightarrow{AM_{BC}} = \frac{1}{2}(\vec{b} + \vec{c}) - \vec{a}$.
    Also gilt:
    $\vec{s} = \vec{a} + \frac{2}{3}\overrightarrow{AM_{BC}} = \vec{a} + \frac{2}{3}\left[\frac{1}{2}(\vec{b} + \vec{c}) - \vec{a}\right] = \vec{a} + \frac{1}{3}\vec{b} + \frac{1}{3}\vec{c} - \frac{2}{3}\vec{a} = \frac{1}{3}(\vec{a} + \vec{b} + \vec{c})$

Kopfübungen

1 $\frac{34}{9} = 3\frac{7}{9}$
$\left(\text{Mitte zwischen } \frac{29}{9} \text{ und } \frac{39}{9}\right)$

2 Ansatz: $f(x) = 0 \Rightarrow$ NST: $x_1 = \sqrt{\frac{46}{5}} \approx \sqrt{\frac{45}{5}} = 3$; $x_2 = -\sqrt{\frac{46}{5}} \approx -\sqrt{\frac{45}{5}} = -3$
Der Abstand beträgt etwas mehr als 6 LE.

3 10°; 170°; 170°
Die Innenwinkelsumme ist 360°, die gegenüberliegenden Innenwinkel sind gleich groß.

4 $P(\text{zwei Richtige}) = \frac{1}{5} \cdot \frac{1}{5} = \frac{1}{25} = 4\%$

Kapitel 7
Stochastik

Didaktische Hinweise

Dieses Kapitel erfüllt mehrere Funktionen:
- Es dient der **Zusammenfassung und Wiederholung** von Kenntnissen und der **Vertiefung** von Fähigkeiten, die die Schülerinnen und Schüler in der Regel bereits in der Sekundarstufe I erworben haben. Diese Wiederholung geschieht im Kern bei der Bearbeitung typischer stochastischer Problemstellungen und wird durch eine übersichtliche Zusammenfassung im Basiswissen ergänzt. Die Simulation als Werkzeug zum Lösen von Problemen in der Stochastik ergänzt die den Schülerinnen und Schülern zur Verfügung stehenden Werkzeuge.
- Dieses Kapitel sichert den **Aufbau eines Fundaments für die Qualifikationsphase**, d.h. Begriffe werden reflektiert und vertieft, Methoden gesichert, falls nötig präzisiert, hinterfragt und ergänzt. Somit wird für eine Homogenisierung unterschiedlicher Eingangsvoraussetzungen gesorgt und anschlussfähiges Wissen und Fertigkeiten werden bereitgestellt.
- Die **Bedeutung der Stochastik** bei der Beschreibung und beim Problemlösen in verschiedenen Situationen erfährt eine Erweiterung. Die Anmutung, dass die Stochastik sich lediglich mit der Berechnung bzw. Schätzung von Wahrscheinlichkeiten beschäftigt, wird in dem Lernabschnitt **7.2 „Erwartungswert oder: Womit ist auf lange Sicht zu rechnen?"** nachhaltig relativiert. Dies wird z.B. deutlich, wenn man bei einem Glückspiel von Gewinnerwartung spricht oder bei einer Versicherungsgesellschaft davon, wie hoch das versicherte Risiko ist. In beiden Fällen geht es nicht nur um die Wahrscheinlichkeit, mit der ein Ereignis eintritt, z.B. ein „Sechser" im Lotto oder ein Diebstahl, sondern auch darum, mit welchem Gewinn oder Schaden zu rechnen ist.
- Mit der **„Bedingten Wahrscheinlichkeit"** wird ein Wahrscheinlichkeitsbegriff präzisiert, von dem aus der Sekundarstufe I bereits eine anschaulich-inhaltliche Vorstellung vorhanden ist und die bei der Lösung entsprechender Probleme (z.B. bei der Formulierung und Anwendung der Pfadregeln) schon vielfach genutzt wurde. Die Bedeutung und die Berechnung von bedingten Wahrscheinlichkeiten werden mithilfe von Vierfeldertafeln und deren Übersetzung in Baumdiagramme an interessanten Fragestellungen aus der realen Welt entwickelt.
- Die in diesem Kapitel angesprochenen Beispiele und Probleme sind zumeist so angelegt, dass sie eine vielschichtige **Interpretation der Ergebnisse** herausfordern. Somit trägt auch dieses Kapitel zum Ausbau der sachgerechten Kommunikation und Ausbildung der Fähigkeit zur rationalen Reflektion bei.
- Der **Werkzeuggebrauch** wird auch in diesem Kapitel durch entsprechende Hinweise stimuliert und durch geeignete Materialien (Digitales Zusatzmaterial, Interaktive Werkzeuge, Handbuch zum GTR-Gebrauch) unterstützt. Er entwickelt sich zunehmend zu einer sicher verfügbaren Kompetenz, die auch in der Qualifikationsphase Früchte tragen wird.

Die in dem Buch angestrebte aktive Auseinandersetzung beim Lernen wird bereits hier durch die konsequente Betonung des Dreischritts
1. Erfahrungen, so weit wie möglich, am realen Zufallsversuch sammeln und reflektieren
2. Aus der Erfahrung gewonnene Vermutungen durch gezieltes Probieren mithilfe von Simulationen überprüfen
3. Darstellen und Beschreiben der Erfahrungen und Vermutungen im theoretischen Modell

vorbereitet. Dies zeigt sich u. a. durch die gezielten Hinweise auf Möglichkeiten und Chancen, die der GTR bietet, und auf die interaktiven Werkzeuge zur Darstellung und Bearbeitung stochastischer Prozesse.

Im ersten Lernabschnitt **7.1 „Mehrstufige Zufallsexperimente – Baumdiagramme und Simulationen"** werden die bereits bekannten Strategien zur Bestimmung von Wahrscheinlichkeiten zusammengestellt. Dabei wird grob unterschieden in „Experimentelle Methoden" (Realversuch, Simulation) und in „Theoretische Methoden" (Zählen bei Laplace-Experimenten, Pfadregeln bei mehrstufigen Zufallsexperimenten). Die einführenden Aufgaben in der ersten grünen Ebene sind so ausgewählt, dass mit ihnen die grundlegenden Strategien selbstständig erinnert bzw. erarbeitet werden können. In Aufgabe 1 geht es in einer übersichtlichen und u. U. vertrauten Spielsituation (Wurf mit zwei Würfeln) um Baumdiagramme und/oder Abzählen zur Ermittlung von Wahrscheinlichkeiten. In Aufgabe 2 *„Galton-Brett – Warum wird die Mitte bevorzugt?"* wird frühzeitig eine sehr tragfähige Ikone der Stochastik bereitgestellt, auf die in den weiteren Lernabschnitten und Kapiteln (Q-Phase) immer wieder zurückgegriffen wird. Die Aufgabe 3 führt in die Welt der Simulation ein. Ganz bewusst wird eine anwendungsorientierte Problemstellung vorgestellt, die zur Modellbildung anregt. Bei der Interpretation des Simulationsplans wird die Modellbildung eine besondere Rolle spielen. Die händische Durchführung der Simulation (Würfel) in Aufgabe 4 sollte das Verständnis von Simulationsplan, Simulationsdurchführung und Ergebnisinterpretation stützen. Die an das erste Basiswissen anschließenden Beispiele und Übungen sprechen zumeist einfache Spielsituationen an.

Der Simulation und den Simulationsplänen ist ein weiteres Basiswissen gewidmet. Die einführenden Aufgaben und die anschließenden Beispiele und Übungen sind auf der Grundlage des Simulationsplans alle auf das aktive Ausführen der Simulationen mit verschiedenen Zufallsgeräten oder Zufallszahlen ausgerichtet und erweitern somit die Erfahrungen mit dem Zufall auch in Problemzusammenhängen, die im Konflikt mit manchen intuitiven Vorstellungen stehen. Die Notwendigkeit der Erstellung eines Simulationsplans, in dem Modellierungsaspekte ebenso einfließen wie der Anspruch einer sauberen Dokumentation des Simulationsverfahrens, kann nicht bedeutungsvoll genug gemacht werden. In einem Exkurs werden grundlegende Informationen zu (Pseudo)-**Zufallszahlen** gegeben. Dieser Exkurs und ein weiterer Exkurs *„Die Anfänge der Wahrscheinlichkeitsrechnung"*, in dem ein erster Ausflug in die Geschichte der Stochastik unternommen wird, können zum Selbststudium oder als Grundlage von narrativen Phasen im Unterricht genutzt werden.

Im dem Lernabschnitt **7.2 „Erwartungswert oder: Womit ist auf lange Sicht zu rechnen?"** werden am Modell von Glücksspielen Chancen und Risiken in unsicheren Situationen untersucht. Der Erwartungswert spielt in der Stochastik eine besondere Bedeutung, da er in der realen Welt häufig von größerer Relevanz ist als die „bloße" Berechnung von Wahrscheinlichkeiten. Ausgangspunkt ist die Überlegung, dass nicht allein die Wahrscheinlichkeiten für die Beurteilung eines Ereignisses entscheidend sind, sondern auch die Folgen, die dessen Eintreten oder Nichteintreten nach sich zieht. Der Begriff Erwartungswert wird überwiegend anhand von bekannten Glücksspielen eingeführt, da hiermit an die bereits vorhandenen Grundvorstellungen angeschlossen werden kann. Selbstverständlich werden auch relevante Anwendungen wie Versicherungsprämien, Wartungs- und Reparaturkosten angesprochen. Erste Versuche werden unternommen, Chancen und Risiken zu quantifizieren (*„Womit ist auf lange Sicht zu rechnen?"*), wobei der begriffliche Aufwand (Zufallsgröße, Wahrscheinlichkeitsverteilung) bewusst gering gehalten und auf unnötigen Formalismus verzichtet wird. Als sehr hilfreich erweisen sich Tabellen, in denen die Verteilungen übersichtlich dargestellt werden und aus denen sich das Schema zur Berechnung des Erwartungswertes als „mittlerer Gewinn" zwanglos ergibt.

Im Lernabschnitt **7.3** wird mit der **„Bedingten Wahrscheinlichkeit"** ein Begriff definiert, von dem bereits eine anschaulich-inhaltliche Vorstellung vorhanden ist, die bei der Lösung entsprechender Probleme (z. B. bei der Formulierung und Anwendung der Pfadregeln) schon vielfach genutzt wurde. Dies gilt ebenso für den Begriff *„Stochastische Unabhängigkeit"*, der bei der Modellbildung (z. B. Stichproben mit und ohne Zurücklegen, Bernoulli-Ketten) und bei der Lösung vieler stochastischer Probleme (z. B. Testen von Hypothesen) eine wichtige Rolle spielt. Die Bedeutung und die Berechnung der bedingten Wahrscheinlichkeiten werden mithilfe von Vierfeldertafeln und Baumdiagrammen entwickelt. Als wichtige Regeln werden die Multiplikationsregel und die Regel zur Berechnung der bedingten Wahrscheinlichkeit herausgestellt und in den Übungsaufgaben angewendet. Insbesondere in der E-Phase sollte man sich bei dem Berechnen und Interpretieren von bedingten Wahrscheinlichkeiten Vierfeldertafeln mit absoluten Zahlen bedienen. Bei der Verwendung von absoluten Häufigkeiten lassen sich bedingte Wahrscheinlichkeiten auch durch abstrakte Formeln, wie die BAYES'sche Regel, problemnah und konkret berechnen.

Die Anwendung und Interpretation von bedingten Wahrscheinlichkeiten bei medizinischen Diagnosetests wird ausführlich und „aufklärerisch" behandelt. In dem Exkurs *„Bedingte Wahrscheinlichkeiten und medizinische Tests"* wird ein Einblick in die Mathematik von Tests gegeben und die zwei zentralen Eigenschaften eines Tests, Sensitivität und Spezifizität, erläutert. In diesem Zusammenhang kann auch der Satz von BAYES angewendet werden. Dabei zeigt sich, dass die Nutzung absoluter Häufigkeiten anstelle von Wahrscheinlichkeiten sehr hilfreich ist und zur verständlichen Darstellung und gültigen Interpretation von bedingten Wahrscheinlichkeiten wesentlich beiträgt. Eine besondere Herausforderung stellt in diesem Lernabschnitt die saubere Verwendung der Fachsprache dar. Sorgfältig muss unterschieden werden zwischen P(A|B), P(B|A), P(A und B), P(A oder B), P(A) und P(B); und zwar nicht nur sprachlich, sondern auch inhaltlich praktisch. Wie bereits erwähnt, leisten Vierfeldertafeln mit absoluten

Häufigkeiten in diesem Zusammenhang gute Dienste. Auf eine exakte Formulierung der BAYES'schen Regel wird hier verzichtet, da sie in ihrer allgemeinen Formulierung recht unhandlich ist und zum Lösen von Problemen nicht benötigt wird. In Übung 15 wird die Diskussion zur sinnvollen Anwendung und Auswertung von *„Screenings"* in der Gesundheitspolitik angeregt. In der zweiten grünen Ebene wird die interessante Anwendung der bedingten Wahrscheinlichkeit in der sogenannten *„Dunkelfeldforschung"* an einem Beispiel erschlossen.

Lösungen

7.1 Mehrstufige Zufallsexperimente – Baumdiagramme und Simulationen

180   1. *Mehrstufiges Zufallsexperiment – Wiederholung und Erweiterung*
a) Berechnung mit der Ergebnismenge: Anzahl der möglichen Ergebnisse: 36
   Anzahl der günstigen Ergebnisse: 11
⇒   P(mindestens eine „Sechs") = $\frac{11}{36}$

Mit dem Baumdiagramm (vgl. Grafik im Schülerband):
⇒   P(mindestens eine „Sechs") = $\frac{1}{6} \cdot \frac{1}{6} + \frac{1}{6} \cdot \frac{5}{6} + \frac{5}{6} \cdot \frac{1}{6} = \frac{11}{36}$

b) Berechnung mit der Ergebnismenge: Anzahl der möglichen Ergebnisse: 216
   Anzahl der günstigen Ergebnisse: 91
⇒   P(mindestens eine „Sechs") = $\frac{91}{216}$

Mit dem Gegenereignis keine „Sechs":   Anzahl der günstigen Ergebnisse: 125
⇒   P(mindestens eine „Sechs") = $1 - \frac{125}{216} = \frac{91}{216}$

Mit dem Baumdiagramm:

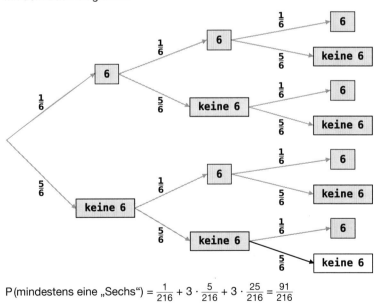

P(mindestens eine „Sechs") = $\frac{1}{216} + 3 \cdot \frac{5}{216} + 3 \cdot \frac{25}{216} = \frac{91}{216}$

181 2. *Galton-Brett – Warum wird die Mitte bevorzugt?*
  a) Es gibt 16 verschiedene Wege: LLLL, LLLR, LLRL, LLRR, LRLL, LRLR, LRRL, LRRR, RLLL, RLLR, RLRL, RLRR, RRLL, RRLR, RRRL, RRRR
  b) Gemeinsamkeit eines bestimmten Fachs: jeweils dieselbe Anzahl an R's bzw. L's
  Kästchen 0: LLLL
  Kästchen 1: LLLR, LLRL, LRLL, RLLL
  Kästchen 2: LLRR, LRRL, LRLR, RLLR, RLRL, RRLL
  Kästchen 3: RRRL, RRLR, RLRR, LRRR
  Kästchen 4: RRRR
  c) Die Tabelle könnte unter der Annahme entstanden sein, dass die Ablenkungswahrscheinlichkeit an jedem Zapfen gleich $\frac{1}{2}$ ist. Da es sich bei dem Galton-Brett um ein vierstufiges Zufallsexperiment handelt, ist die Wahrscheinlichkeit für jeden Weg $p = \left(\frac{1}{2}\right)^4 = \frac{1}{16}$.
  d) Um den Fall einer Kugel im Galton-Brett zu simulieren, wirft man viermal eine Münze und notiert, ob Kopf oder Wappen gefallen ist. Es handelt sich dabei wie beim Galton-Brett um ein Zufallsexperiment mit vier Stufen. Auf jeder Stufe beträgt die Wahrscheinlichkeit für Kopf oder Zahl jeweils $\frac{1}{2}$. Setzt man Kopf für ‚links' und Wappen für ‚rechts', dann entspricht z. B. das Wurfergebnis WWKW dem Weg RRLR im Galton-Brett.

182 3. *Planung von Abbiegespuren*
  a) Mögliche Fragestellungen wären:
   - Wie viele Autos kommen in einer Rotphase an?
   - Reicht die Länge der Linksabbiegespur aus?
   - Wie ändern sich Zahlen im Berufsverkehr, nachts, am Wochenende etc.?
   Dies sind Fragen nach der Modellierung der Situation. Die Modellierung in dieser Aufgabe ist sicher eine (zu) starke Vereinfachung.
  b) Schätzung der Wahrscheinlichkeiten mit relativen Häufigkeiten (Tabelle):
  $P(\text{„geradeaus"}) \approx \frac{52}{308} \approx 0{,}169$

182 3. c)

Simulationsplan	
1. Was soll simuliert werden?	**Die Wahrscheinlichkeit, dass mehr als 6 von 15 in einer Rotphase ankommende Autos nach links abbiegen.**
2. Modellierung	Die Wahrscheinlichkeit, mit der ein ankommendes Auto nach links abbiegt, ist $\frac{1}{3}$.
3. Wahl des Zufallsgerätes: Würfel	Die Ergebnisse 1 und 2 bedeuten „Linksabbieger", die Ergebnisse 3, 4, 5 oder 6 bedeuten „Rechtsabbieger" oder „Geradeausfahrer". Der Würfel muss **15**-mal geworfen werden.
4. Auf was kommt es in der Wurfserie an?	**Die Anzahl der geworfenen Augenzahlen 1 und 2 muss gezählt werden. E: Anzahl der Augenzahlen 1 oder 2 ist größer als 6**
5. Festlegung der Anzahl der Wiederholungen der Wurfserie:	z. B. 200
Durchführung der Simulation und Auswertung	
6. Protokollieren der Ergebnisse	
7. Auswertung	

Die Durchführung der Simulation kann händisch erfolgen. Insgesamt kann man in dem Mathematikkurs schnell 200 Simulationen mit je 15 Würfen mit einem Würfel durchführen.
Auswertung:
h = (Anzahl der 15er-Serien mit mehr als 6-mal die Augenzahl 1 oder 2) / 200

4. *Das Problem der vollständigen Serie*
   a) Simulation mit
      - einer Urne mit vier Kugeln bzw. vier Losen mit den Nummern 1, 2, 3 und 4; Versuch: fünfmaliges Ziehen mit Zurücklegen; Sind alle vier Nummern gezogen worden?
      - einem Glücksrad mit vier gleichgroßen Feldern, die nummeriert sind mit 1, 2, 3 und 4; Versuch: fünf Spiele; Sind alle vier Nummern gezogen worden?
      - mit einem Würfel: Die Augenzahlen 1, 2, 3 und 4 stehen für die verschiedenen Geschenke. Es wird solange gewürfelt, bis insgesamt fünf Ergebnisse zwischen 1 und 4 vorliegen. Sind dabei alle Zahlen zwischen 1 und 4 gezogen worden?
   b) Bei einer von uns durchgeführten Simulation mit 100 Fünferserien kamen bei 24 Serien alle vier verschiedenen Geschenke vor.
      Schätzwert für die gesuchte Wahrscheinlichkeit: p ≈ 0,24

185

5. *Vierfacher Münzwurf*
   A: P(„Genau zweimal Wappen und zweimal Zahl") = $\frac{6}{16}$
   Begründung: Es gibt 16 verschiedene Ergebnisse (2^4).
   Günstige Ergebnisse: 6
   B: P(„Mindestens dreimal Wappen") = $\frac{5}{16}$
   Damit ist Ereignis A wahrscheinlicher.

6. *Glücksspiel*
   a) Ziehen mit Zurücklegen:
   P(mindestens zweimal blau) = $\left(\frac{3}{5}\right)^3 + 3 \cdot \frac{2}{5} \cdot \left(\frac{3}{5}\right)^2 = \frac{81}{125}$
   b) Ziehen ohne Zurücklegen:
   P(mindestens zweimal blau) = $\left(\frac{3}{5}\right) \cdot \left(\frac{2}{4}\right) \cdot \left(\frac{1}{3}\right) + 3 \cdot \left(\frac{3}{5}\right) \cdot \left(\frac{2}{4}\right) \cdot \left(\frac{1}{3}\right) = \frac{24}{60} = \frac{2}{5}$

7. *Blutgruppen*
   Ein möglicher Spender für eine Person der Gruppe A hat selbst die Blutgruppe 0 oder A. Es gilt P(„0" oder „A") = 0,41 + 0,43 = 0,84 = 84 %. Hier dürfen die Wahrscheinlichkeiten P(„0") und P(„A") addiert werden, um P(„0" oder „A") zu berechnen, weil die Mengen „0" und „A" keine gemeinsamen Elemente enthalten.

Kopfübungen

1 Für die gewählten Zahlen muss gelten:
  a) q < 16   b) q = 16   c) q > 16

2 $3 \cdot x + 2 \cdot y = 30$
  Lösung: z. B. (6|6), (d. h. 6 „Silbermolly", 6 „Platy")
  weitere mögliche Lösungen: (2|12), (4|9), (8|3)

3 Streckfaktor 2

4 P(A) = $\frac{1}{2}$, P(B) = $\frac{1}{3}$, P(A oder B) = $\frac{4}{6}$, P(A und B) = $\frac{1}{6}$

186 8. *Qual der Wahl*
Gewinnplan A:

Ziehung aus	1. Urne	2. Urne	3. Urne	Wahrscheinlichkeit
	1	1	1	$\frac{1}{30}$
	2	2	2	$\frac{1}{30}$
	3	3	3	$\frac{1}{30}$

P(drei gleiche Zahlen) = $\frac{1}{30} + \frac{1}{30} + \frac{1}{30} = \frac{1}{10}$

Gewinnplan B:

Ziehung aus	1. Urne	2. Urne	3. Urne	Wahrscheinlichkeit
	1	2	3	$\frac{1}{60}$
	1	3	2	$\frac{4}{60}$
	2	1	3	$\frac{2}{60}$
	2	3	1	$\frac{4}{60}$
	3	1	2	$\frac{2}{60}$
	3	2	1	$\frac{2}{60}$

P(drei verschiedene Zahlen) = $\frac{15}{60} = \frac{3}{20}$

⇒ Gewinnplan B ist besser, da man mit diesem Gewinnplan eine höhere Gewinnwahrscheinlichkeit hat.

9. *Wer soll beginnen?*
Baumdiagramm: Michel (M) fängt an, dann kommt Jule (J).

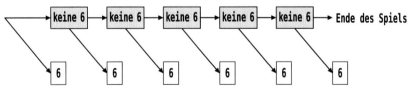

P(Michel gewinnt) = $\frac{1}{6} + \frac{5}{6} \cdot \frac{5}{6} \cdot \frac{1}{6} + \left(\frac{5}{6}\right)^4 \cdot \frac{1}{6} = \frac{1}{6} \cdot \left(1 + \left(\frac{5}{6}\right)^2 + \left(\frac{5}{6}\right)^4\right) = 0{,}363$

P(Jule gewinnt) = $\frac{5}{6} \cdot \frac{1}{6} + \left(\frac{5}{6}\right)^3 \cdot \frac{1}{6} + \left(\frac{5}{6}\right)^5 \cdot \frac{1}{6} = \frac{1}{6} \cdot \frac{5}{6} \cdot \left(1 + \left(\frac{5}{6}\right)^2 + \left(\frac{5}{6}\right)^4\right) = 0{,}302$

Michel gewinnt mit einer größeren Wahrscheinlichkeit, da er anfängt.
Übrigens: Man sieht, dass das Spiel auch ohne Gewinner ausgehen kann.

186 10. *Warten auf eine „Sechs"*
Die Wahrscheinlichkeit für eine 6 ist bei jedem Wurf $P(6) = \frac{1}{6}$; die Wahrscheinlichkeit, dass keine 6 geworfen wird, ist $P(\text{keine } 6) = \frac{5}{6}$. Die Wahrscheinlichkeit, dass in sechs Würfen hintereinander keine 6 kommt, beträgt nach der Pfadregel
$P(\text{in sechs Würfen keine 6}) = \left(\frac{5}{6}\right)^6 = \frac{15\,625}{46\,656} \approx 33{,}49\,\%$.

11. *Würfeln ohne Würfel, geht das?*
   a) Die Zufallszahlen 1, 2, …, 6 entsprechen den Ergebnissen beim Würfeln. Die Zahlen 0 und 7 bis 10 werden als Würfelergebnis nicht berücksichtigt und es wird zur nächsten Zufallszahl übergegangen.
   b) Beim Simulieren mit sechs Münzen ist die erzielte Anzahl von „Kopf" 0, 1, 2, 3, 4, 5, 6. Lässt man das Ergebnis 0-mal „Kopf" unberücksichtigt (so wie in der Aufgabe vorgeschlagen), dann sind die möglichen Ergebnisse 1, 2, 3, 4, 5, 6. Bei der Simulation durch den sechsfachen Münzwurf sind die Wahrscheinlichkeiten für die Ergebnisse 1-, 2-, 3-, …, 6-mal „Kopf" verschieden. Es gibt z. B. mehr Möglichkeiten eine 3 „zu werfen" als eine 6. Daher eignet sich die vorgeschlagene Simulation nicht, da beim Würfel die Augenzahlen 1, 2, 3, 4, 5, 6 gleichwahrscheinlich sind.

188 12. *„Familienstatistik"*

Simulationsplan	
Zufallsexperiment: Geschlechter der drei Kinder einer Familie	
Frage: Wie hoch ist die Wahrscheinlichkeit, dass die Kinder alle das gleiche Geschlecht haben?	
1. Modellierung	Die Wahrscheinlichkeit für eine Jungen- bzw. Mädchengeburt ist 0,5; unabhängig vom Geschlecht vorheriger Kinder.
2. Wahl des Zufallsgerätes, Beschreibung des Zufallsexperimentes	**Werfen einer Münze** „Kopf": ein Junge ist geboren; „Zahl": ein Mädchen ist geboren Der Münzwurf muss 3-mal wiederholt werden.
3. Festlegung der interessierenden Zufallsgröße X und des Ereignisses E	**Zufallsgröße X: Anzahl von „Kopf" Ereignis E:** dreimal „Kopf" (X = 3) oder keinmal „Kopf" (X = 0)
4. Anzahl der Wiederholungen	z. B. 200 Dreierserien (bei händischer Durchführung)
Durchführung	
5. 1000-malige Wiederholung des Experimentes, Protokollierung	3-mal „Kopf" oder 0-mal „Kopf": 46-mal
6. Auswertung: Ermittlung der relativen Häufigkeit h(E)	Ein Simulationsergebnis könnte z. B. sein: In 46 von 200 Fällen sind alle Kinder vom selben Geschlecht. Es ist $h(E) = \frac{46}{200} = 0{,}23$.

189 13. *Nochmals nachgefragt in Übung 12*
   a) Man würfelt dreimal. Gerade Augenzahlen entsprechen einer Jungengeburt und ungerade Augenzahlen einer Mädchengeburt. Analog kann man die Simulation mit Zufallszahlen von 0, 1, 2, …, 9 machen, indem man gerade und ungerade Zufallszahlen unterscheidet.
   b) Händische Simulation mit einem geeigneten Zufallsgerät in der Klasse.
   c) Das Baumdiagramm zeigt, dass bei zwei von acht Pfaden (JJJ und MMM) das gewünschte Ergebnis erreicht wird.
   Die Wahrscheinlichkeit beträgt also $\frac{2}{8} = \frac{1}{4} = 25\,\%$.

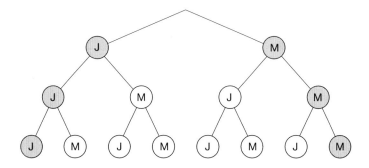

14. *Noch ein Besuch auf dem Volksfest*
    Händische Simulation mit Zufallszahlen in der Klasse; Zufallszahl gerade: Junge; Zufallszahl ungerade: Mädchen
    An einer beliebigen Stelle in der Tabelle der Zufallszahlen beginnen. Stets Dreierpäckchen bilden. Wie viele von 200 Dreierpäckchen bestehen nur aus geraden oder nur aus ungeraden Zahlen? Mit diesem Ergebnis kann ein Schätzwert für die gesuchte Wahrscheinlichkeit angegeben werden.

15. *Mehr oder weniger Fragen*
    a) Mögliche Vermutungen sind:
       - Bei dem Test 2 mit 20 Fragen könnte die Chance zu bestehen beim Raten größer sein, da man dort mehr, nämlich bis zu 6 Möglichkeiten hat, eine falsche Antwort anzukreuzen.
       - Bei dem Test 1 mit 10 Fragen könnte die Chance beim Raten größer sein, da man dort nur 7 Fragen richtig erraten muss.
       - Die Wahrscheinlichkeit ist bei beiden Tests gleich groß, da die Bestehensgrenze bei beiden Tests gleich 70 % ist.
    b) Die Wahrscheinlichkeiten können mithilfe der relativen Häufigkeiten aus den Häufigkeitsverteilungen näherungsweise bestimmt werden.
       Mögliche Ergebnisse: P(7 von 10) = 13 % + 4 % + 1 % = 18 %
       P(14 von 20) = 4 % + 1 % + 0,5 % + 0,5 % = 6 %
       Nach diesen Ergebnissen ist es wahrscheinlicher, mit Test 1 zu bestehen, der weniger Fragen enthält.

189 15. Fortsetzung
Mit dem Programm „Galton-Brett" auf den Interaktiven Werkzeugen können Sie eigene Häufigkeitsverteilungen erstellen:
Zur Simulation eines MC-Tests mit 10 Fragen benötigen Sie ein Galton-Brett mit 10 Reihen, für die Simulation eines Tests mit 20 Fragen ein Galton-Brett mit 20 Reihen.

Hinweis zu den Simulationsdateien 7115.ftm, 7115.xlsx und 7115.ggb: Die Simulationen von jeweils 1000 MC-Tests vom Typ 1 und Typ 2 können wiederholt durchgeführt werden. Dabei wird das empirische Gesetz der großen Zahlen für Verteilungen visualisiert. Die einzelnen relativen Häufigkeiten ändern mit wachsender Zahl von Simulationen ab einer gewissen Zahl nur noch sehr wenig, die Form der Häufigkeitsverteilung bleibt dagegen annähernd gleich. Die oben ermittelten Schätzwerte für die Wahrscheinlichkeiten, Test 1 bzw. Test 2 zu bestehen, lassen sich mit den Simulationsdateien ermitteln.

16. Ab wann soll ein Test als bestanden gelten?
   a) Verschiedene Antworten sind möglich, müssen allerdings begründet werden. Eine interessante Frage wäre z. B.: „Kann ein völlig ahnungsloser Prüfling zufällig alle Fragen richtig beantworten?"
   b) Würde man die Bestehensgrenze bei Test 1 so festlegen, dass die Wahrscheinlichkeit nur durch Raten zu bestehen, kleiner als 10 % ist, so müsste man wie in Übung 15 verlangen, dass mindestens acht von zehn Fragen richtig beantwortet werden. Anhand der Häufigkeitsverteilung lässt sich ablesen: Je größer diese Wahrscheinlichkeit gewählt wird, desto niedriger kann die Bestehensgrenze angesetzt werden.

190 17. *Beim Basketball*

Simulationsplan	
Zufallsexperiment: Zehn Würfe auf den Basketballkorb	
Frage: Wie häufig trifft Jan bei zehn Würfen mindestens viermal nacheinander?	
1. Modellierung	Die Wahrscheinlichkeit für einen Treffer liegt bei 50 %.
2. Wahl des Zufallsgerätes, Beschreibung des Zufallsexperimentes	Werfen einer Münze: Kopf bedeutet „Treffer" und Zahl bedeutet „kein Treffer". Der Münzwurf muss zehnmal wiederholt werden.
3. Festlegung der interessierenden Zufallsgröße X und des Ereignisses E	Zufallsgröße X: Anzahl der Treffer Ereignis E: mindestens vier Treffer hintereinander
4. Anzahl der Wiederholungen	1000 Zehnerserien
Durchführung	
5. n-malige Wiederholung des Experimentes, Protokollierung	Protokoll (s. Aufgabe): Bei den ersten fünf simulierten 10er-Serien kommen in der 2. und der 5. Versuchsreihe vier aufeinanderfolgende Treffer vor.
6. Auswertung: Ermittlung der relativen Häufigkeit h(E)	

190 17. Fortsetzung
Statt der Münze könnte man auch ein Glücksrad oder Zufallszahlen, die man mit dem GTR erzeugt, zur Simulation verwenden. Mit den Interaktiven Werkzeugen kann man 10er-Serien simulieren. Allerdings muss man die Auswertung entweder per Hand vornehmen oder die Ergebnisse mithilfe eines EXCEL-Programms auswerten.

191 18. *Wette des* Chevalier de Méré
a) Die Wahrscheinlichkeit, dass in vier Würfen keine Sechs fällt, beträgt nach der Pfadregel $p = \left(\frac{5}{6}\right)^4 \approx 48\,\%$. Damit ist die Wahrscheinlichkeit, dass der Chevalier mindestens eine Sechs wirft und damit gewinnt, ca. 52 %. Somit ist die Wette für den Chevalier vorteilhaft.
b) Die Wahrscheinlichkeit dafür, dass bei einem Wurf mit zwei Würfeln keine Doppel-Sechs fällt, ist $\frac{35}{36}$. Die Wahrscheinlichkeit, dass in 24 Würfen keine Doppel-Sechs fällt, beträgt somit nach der Pfadregel $p = \left(\frac{35}{36}\right)^{24} \approx 50{,}86\,\%$. Diese Wette ist für ihn nicht mehr lukrativ, da der Gegenspieler mit einem leichten Vorteil gewinnt.

19. *Das Problem der abgebrochenen Partie*
P(A gewinnt sofort) = 0,5;   P(A gewinnt nächste Runde) = $0{,}5^2$
$\Rightarrow$ P(A gewinnt) = $0{,}5 + 0{,}5^2 = 0{,}75$ $\Rightarrow$ P(B gewinnt) = 1 − P(A gewinnt) = 0,25
Man sollte somit Spieler A 75 % der Goldstücke, also 24 geben, und Spieler B 25 %, also 8 Goldstücke.

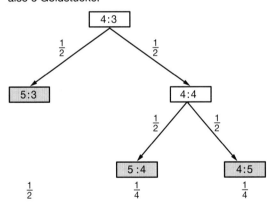

Es gibt natürlich auch noch andere Möglichkeiten, den Gewinn aufzuteilen, z. B. im Verhältnis der bereits erzielten Punkte.

7.2 Erwartungswert oder: Womit ist auf lange Sicht zu rechnen?

192 1. *Verschiedene Spiele – für welches entscheide ich mich?*
   a) Vorsichtige Spieler wählen wohl meistens die Variante A. Diese Spieler wollen gern eine größere Wahrscheinlichkeit beim Gewinnen und dafür nehmen sie kleinere Gewinne in Kauf.
   b) Risikofreudige Spieler wählen wohl meistens die Variante D. Diese Spieler möchten gern einen größeren Gewinn haben, auch wenn ihnen klar ist, dass die Wahrscheinlichkeit dafür viel geringer ist.
   c)

	Wert der Gewinne in €	Wahrscheinlichkeit
Spiel A	50	0,5
	0	0,5
Spiel B	85	0,25
	0	0,75
Spiel C	155	0,125
	0	0,875
Spiel D	303	0,0625
	0	0,9375

Erwartungswert Spiel A: $\frac{1}{100} \cdot (50\,€ \cdot 50 + 0\,€ \cdot 50) = 25,00\,€$

Erwartungswert Spiel B: $\frac{1}{100} \cdot (85\,€ \cdot 25 + 0\,€ \cdot 75) = 21,25\,€$

Erwartungswert Spiel C: $\frac{1}{1000} \cdot (155\,€ \cdot 125 + 0\,€ \cdot 875) = 19,38\,€$

Erwartungswert Spiel D: $\frac{1}{10\,000} \cdot (303\,€ \cdot 625 + 0\,€ \cdot 9375) = 18,94\,€$

Spiel A hat die größte Gewinnerwartung.

   d) Der Spieler von Spiel D glaubt, dass er als Glückspilz nicht so lange warten muss, bis es ihn trifft. Bis dahin hat er wenigstens den höheren Spannungswert. Meistens wird er auch nichts von Mathematik verstehen.

193 2. *Ein Glücksspiel mit Münzen*
   a) Ein Spiel wird dann als „fair" betrachtet, wenn alle Spieler (inklusive der Bank) die gleichen Gewinnchancen haben. Mit anderen Worten: wenn man auf lange Sicht weder verliert noch gewinnt.
   b) Schüleraktivität.
   c) Auf Dauer kommt heraus, dass man gegen die Bank verliert.
   d) Das vollständige Baumdiagramm liefert die vier Gewinnkombinationen KZZZ, ZKZZ, ZZKZ und ZZZK. Das sind vier von insgesamt 16 Möglichkeiten. Die Wahrscheinlichkeit für das Eintreffen einer der vier Möglichkeiten ist $\frac{4}{16} = \frac{1}{4} = 0,25$.
   Der Erwartungswert für ein Spiel ist
   $(5\,€ \cdot 0,25 - 2 \cdot 0,75) = 1,25 - 1,50 = -0,25\,€$ = mittlerer Gewinn pro Spiel. Bei 3200 Spielen ist die Gesamtgewinnerwartung $-800\,€$. Das Spiel ist also nicht fair.

195 3. *Roulette*
   Wer beim Roulette auf „Rot" setzt, hat pro Spiel die Gewinnerwartung
   $10 \cdot \frac{18}{37} - 10 \cdot \frac{19}{37} = -10 \cdot \frac{1}{37} = -0,27\,€$.

195 4. *Glücksrad*

Zufallsgröße X (Gewinn)	2 €	5 €	10 €
Wahrscheinlichkeit p	$\frac{1}{3}$	$\frac{1}{2}$	$\frac{1}{6}$
Produkte	$2 \cdot \left(\frac{1}{3}\right)$	$5 \cdot \left(\frac{1}{2}\right)$	$10 \cdot \left(\frac{1}{6}\right)$

Der Erwartungswert ist dann $2 \cdot \frac{1}{3} + 5 \cdot \frac{1}{2} + 10 \cdot \frac{1}{6} = \frac{4+15+10}{6} = \frac{29}{6} = 4{,}80$ €.

196 5. *Gewinn und Verlust*
Die Summe der Wahrscheinlichkeiten muss 1 ergeben:
$\frac{1}{200} + \frac{1}{20} + \frac{189}{200} = \frac{1+10+189}{200} = 1$ Die Tabellendaten stimmen.
Erwartungswert für den Gewinn pro Spiel:
$290 \cdot \frac{1}{200} + 90 \cdot \frac{1}{20} - 10 \cdot \frac{189}{200} = \frac{290 \cdot 1 + 90 \cdot 10 - 10 \cdot 189}{200} = -\frac{700}{200} = -3{,}50$ €

6. *Das Wetter spielt eine Rolle.*
Die Gewinnerwartung pro Tag ist $120 \cdot \frac{1}{10} + 450 \cdot \frac{9}{10} = 417$ (in €).

7. *Reparaturen während der Garantiezeit*
a) Im Mittel fallen $0 \cdot 0{,}68 + 1 \cdot 0{,}18 + 2 \cdot 0{,}10 + 3 \cdot 0{,}03 + 4 \cdot 0{,}01 = 0{,}51$
   Reparaturen pro Mofa an.
b) Der Hersteller muss im Mittel mit 110 € $\cdot\, 0{,}51 = 56{,}10$ € Reparaturkosten pro Mofa in der Garantiezeit rechnen.

8. *Jedes Los gewinnt!*
a) Der Aufwand der Klasse für die Preise beträgt
   $1 \cdot 75 + 10 \cdot 25 + 20 \cdot 5 + 500 \cdot 1{,}50 = 1175{,}00$ (in €).
   Diesen Betrag müsste die Klasse auch einnehmen (bei einem Lospreis
   von $\frac{1175}{2000}$ € $\approx 0{,}59$ € wäre der mittlere Gewinn pro Los gerade 0).
b) Bei 2000 Losen zu 2 € hätte die Klasse 4000 € Einnahmen, was zu einem Überschuss von 2825 € führen würde.

Kopfübungen

1 $x = \frac{15}{4}$

2 Ansatz: $f(x) = 0$ und $f(x) = x(2 - 3x)$
   $\Rightarrow$ Nullstellen: $x_1 = 0$ und $x_2 = \frac{2}{3}$
   An der Stelle $x_1 = 0$ steigt f, da der Graph eine nach unten geöffnete Parabel ist
   und $x_1 = 0$ links von dem Scheitelpunkt liegt.

3 $B = (2|2)$, $A = (3|3)$, $C = (3|2)$

4 $p = \frac{13}{40} \cdot \frac{12}{39} = \frac{1}{10} = 10\,\%$

197

9. *Kreditkarten*
Mittlere Kreditkartenzahl pro Sparkassenkunde:
$0 \cdot 0{,}48 + 1 \cdot 0{,}21 + 2 \cdot 0{,}17 + 3 \cdot 0{,}08 + 4 \cdot 0{,}06 = 1{,}03$

10. *Schwierige Entscheidung*
Der Erwartungswert für den Gewinn beträgt
$2500 \cdot 0{,}25 - 0{,}75 \cdot 500 = 625 - 375 = 250$ (in €).
Unter diesem Aspekt muss man Laura raten, lieber aufzuhören und die bisher gewonnenen 500 € sicherzustellen, denn sie hat jetzt nur noch eine Gewinnerwartung von 250 €.

11. *Etwas zum Ausprobieren*
Wenn man das Baumdiagramm vervollständigt, kann man die mittlere Zahl der besuchten Städte wie folgt berechnen:
$1 \cdot \frac{1}{6} + 2 \cdot \frac{5}{6} \cdot \frac{2}{6} + 3 \cdot \frac{5}{6} \cdot \frac{4}{6} \cdot \frac{3}{6} + 4 \cdot \frac{5}{6} \cdot \frac{4}{6} \cdot \frac{3}{6} \cdot \frac{2}{6} + 5 \cdot \frac{5}{6} \cdot \frac{4}{6} \cdot \frac{3}{6} \cdot \frac{2}{6} \cdot \frac{1}{6} = 2{,}003$

12. *Ein einfaches Modell zur Berechnung der Versicherungsprämie*
Wenn bei jedem polizeilich gemeldeten Diebstahl 800,00 € gezahlt werden sollen, dann muss die Versicherung eine mittlere Schadenserwartung von $52{,}6 \cdot 800 = 42\,080$ (in €) als Risiko für jeweils 1000 versicherte Fahrräder vorhalten. Inklusive Unternehmenskosten, Vertriebskosten und Gewinnanteilen müsste die Versicherung aus 1000 LSF-Verträgen pro Jahr mindestens 50 000 € erlösen, also 50 € pro versichertem Fahrrad. Ein Renner würde ein solches Produkt wohl nicht werden.

13. *Aus der Werbung*
Aus der Lottowerbung ist zu entnehmen, dass es sich um das Lottospiel „6 aus 49" handelt. Der Jackpot, also die auszuschüttende Gewinnsumme für die Spieler („im höchsten Rang" – hätte hier ergänzt werden müssen) ist mittlerweile auf 11 Mio. € angestiegen. Ferner wird darauf hingewiesen, dass ein Spieler mindestens 18 Jahre alt sein muss und dass seine Chance 1 : 140 Millionen ist. Schließlich findet sich noch – sehr dezent – der Hinweis auf die Suchtgefahr, die (generell) vom Glücksspiel ausgeht.

7.3 Bedingte Wahrscheinlichkeit

198

1. *Beeinflussen Informationen die Einschätzung von Wahrscheinlichkeiten?*
   a) • Wie groß ist die Wahrscheinlichkeit für einen Pasch?
      $P(\text{Pasch}) = \frac{6}{36} = \frac{1}{6}$

      • Wie groß ist die Wahrscheinlichkeit für einen Pasch, wenn man weiß, dass beide Augenzahlen gerade sind?
      Insgesamt gibt es neun Ergebnisse, bei denen beide Augenzahlen gerade sind. Drei davon liefern einen Pasch.
      $P(\text{Pasch, wenn beide Augenzahlen gerade}) = \frac{3}{9} = \frac{1}{3}$

      • Wie groß ist die Wahrscheinlichkeit für einen Pasch, wenn mit dem gelben Würfel die Augenzahl 1 gewürfelt wurde?
      Es gibt sechs Ergebnisse, bei denen der gelbe Würfel die Augenzahl 1 anzeigt. Davon liefert genau ein Ergebnis einen Pasch.
      $P(\text{Pasch, wenn mit gelben Würfel die Augenzahl 1 gewürfelt wurde}) = \frac{1}{6}$

      Bemerkung (Zur Vorbereitung oder Ergänzung von Teilaufgabe b)):
      Angenommen, man wüsste, dass mindestens einer der beiden Würfel die Augenzahl 1 zeigt, dann ist die Wahrscheinlichkeit für einen Pasch:
      P(Pasch, wenn mindestens einer der beiden Würfel die Augenzahl 1 zeigt)
      $= \frac{1}{11}$ *(siehe Abbildung auf Seite 198 im Schülerband)*

   b) In Aufgabenteil a) haben wir gesehen, dass Zusatzinformationen nicht zwangsläufig zu einer anderen Einschätzung der Wahrscheinlichkeit, mit der ein Ereignis eintritt, führen müssen.

2. *Ziehen ohne Zurücklegen*
   a) In der Urne befinden sich zwei blaue und vier rote Kugeln. Zieht man eine Kugel, so gelten $P(\text{blau}) = \frac{2}{6} = \frac{1}{3}$ und $P(\text{rot}) = \frac{4}{6} = \frac{2}{3}$.
      Die Farbe der Kugel, die jeweils als nächste gezogen wird, spielt keine Rolle. Damit gelten:
      $P(\text{1. Kugel blau}) = P(\text{blau}) = \frac{1}{3}$ und $P(\text{1. Kugel rot}) = P(\text{rot}) = \frac{2}{3}$

   b) Wurde im ersten Zug eine blaue Kugel gezogen, sind nur noch vier rote und eine blaue Kugel übrig. Die Wahrscheinlichkeit, anschließend eine rote Kugel zu ziehen, beträgt somit $P(\text{2. Kugel rot} \mid \text{1. Kugel blau}) = \frac{4}{5}$.
      Entsprechend berechnet man: $P(\text{2. Kugel blau} \mid \text{1. Kugel blau}) = \frac{1}{5}$;
      $P(\text{2. Kugel rot} \mid \text{1. Kugel rot}) = \frac{3}{5}$; $P(\text{2. Kugel blau} \mid \text{1. Kugel rot}) = \frac{2}{5}$

198 2. Fortsetzung
b) Nun lässt sich das vorgegebene Baumdiagramm beschriften:

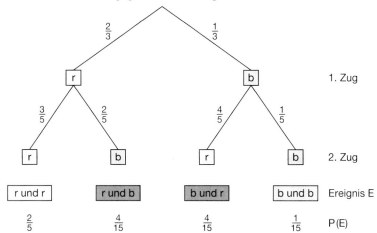

199 3. *Bedingte Wahrscheinlichkeiten*
a) Insgesamt gab es 175 + 885 + 168 + 462 = 1690 männliche Passagiere auf der Titanic. Von diesen haben 57 + 192 + 14 + 75 = 338 das Unglück überlebt. Die Überlebenswahrscheinlichkeit für einen zufällig ausgewählten Mann betrug damit nach der Laplace-Regel $\frac{338}{1690} = 0{,}2$.
Die Anzahl der Frauen an Bord betrug 144 + 23 + 93 + 165 = 425. Von ihnen haben 140 + 20 + 80 + 76 = 316 überlebt. Die Überlebenswahrscheinlichkeit einer zufällig ausgewählten Frau betrug nach der Laplace-Regel $\frac{316}{425} \approx 0{,}74$.
Da die berechneten Wahrscheinlichkeiten stark voneinander abweichen, scheint es so zu sein, dass die Überlebenschance einer zufällig ausgewählten Person tatsächlich vom Geschlecht abhängig ist.
b) Insgesamt reisten 6 + 144 + 175 = 325 Personen in der 1. Klasse, 24 + 93 + 168 = 285 in der 2. Klasse und 79 + 165 + 462 = 706 in der 3. Klasse. Überlebt haben 6 + 140 + 57 = 203 Passagiere der 1. Klasse, 24 + 80 + 14 = 118 der 2. Klasse und 27 + 76 + 75 = 178 der 3. Klasse.
Anteil der Geretteten der Passagiere der 1. Klasse: $\frac{203}{325} \approx 0{,}62 = 62\,\%$
Anteil der Geretteten der Passagiere der 2. Klasse: $\frac{118}{285} \approx 0{,}41 = 41\,\%$
Anteil der Geretteten der Passagiere der 3. Klasse: $\frac{178}{706} \approx 0{,}25 = 25\,\%$
c) Der Anteil der Geretteten unter den Frauen in der 3. Klasse betrug $\frac{76}{165} \approx 0{,}46 = 46\,\%$. Der Anteil der Geretteten unter den Männern der 1. Klasse betrug $\frac{57}{175} \approx 0{,}33 = 33\,\%$. Frauen in der 3. Klasse hatten also sogar eine etwas bessere Überlebenschance als Männer in der 1. Klasse.

199 3. d) Von 6 + 24 + 79 = 109 Kindern an Bord haben 109 − 52 = 57 überlebt. Ihre Überlebenswahrscheinlichkeit betrug also $\frac{57}{109} \approx 0{,}52$.

In den vorigen Teilaufgaben haben wir festgestellt, dass die Überlebenswahrscheinlichkeit der Frauen insgesamt größer war als die der Männer. Die Überlebenswahrscheinlichkeit der Frauen in der 3. Klasse war sogar größer als die der Männer in der 1. Klasse. Dies stützt die These, dass das Prinzip „Women and children first" bei der Rettung eine Rolle gespielt hat. Doch hätten Passagiere und Crew streng nach diesem Prinzip gehandelt, hätten alle Frauen und Kinder überlebt, da die Anzahl der Männer an Bord deutlich höher war. Den Ergebnissen aus Aufgabenteil b) kann man entnehmen, dass die Überlebenswahrscheinlichkeit auch stark von der Klasse abhing, in welcher die Passagiere gereist sind. Bei Personen in der 1. Klasse war sie am größten, bei Personen in der 3. Klasse am geringsten.

Gegen die obige These spricht, dass nur etwa die Hälfte der mitreisenden Kinder überlebt hat. Betrachtet man die Tabelle genauer, so fällt auf, dass hier besonders die Klasse entscheidend war, in der sie gereist sind. Die Kinder in den ersten beiden Klassen konnten alle gerettet werden.

4. *Lügendetektor – ein nicht ganz ernst zu nehmendes Problem*

    a) Der Tabelle ist zu entnehmen, dass der getestete Detektor von 59 Personen, welche tatsächlich gelogen haben, 55 entlarvt hat. Von 91 Personen, welche die Wahrheit sagten, hat er 7 fälschlicherweise der Lüge bezichtigt. Insgesamt fiel der Detektor 62-mal die Entscheidung, dass eine Person gelogen hat, und behauptete bei 88 Personen, dass sie die Wahrheit gesagt haben.

    Ein Testgerät kann als „sicher" bezeichnet werden, wenn beide Arten von Fehlern nur sehr selten auftreten.

    Der Anteil der Personen, deren Lügen fälschlicherweise als wahr angesehen wurden, beträgt $\frac{4}{59} \approx 0{,}068 \approx 7\,\%$. Der Anteil der Personen, die die Wahrheit gesagt haben und fälschlicherweise der Lüge bezichtigt wurden, beträgt $\frac{7}{91} \approx 0{,}077 \approx 8\,\%$. Die Diskussion darüber, ob diese Anteile klein genug sind, um den betreffenden Lügendetektor als vertrauenswürdig anzusehen, ist eine offene Aufgabe.

    Der Bundesgerichtshof schließt Untersuchungen durch einen Lügendetektor im gerichtlichen Verfahren als Beweismittel generell aus. Diese Entscheidung beruht zum Beispiel darauf, dass es nach einstimmiger wissenschaftlicher Ansicht nicht möglich sei, eindeutige Zusammenhänge zwischen menschlichen Emotionen und körperlichen Vorgängen, welche von dem Gerät gemessen werden, herzustellen. Zudem könne man sich nicht sicher sein, dass ein zu Unrecht Verdächtigter immer gelassener reagiert als der Täter. Hohe „Trefferquoten" in Experimenten seien auch kein gutes Argument für die Verwendung des Lügendetektortests, da die Bedingungen der Tests im Labor nicht mit denen in der gerichtlichen Praxis übereinstimmten.

    (Quelle: Pressemitteilung des Bundesgerichtshofs vom 17.12.1998)

199 4. b)
- Der Anteil der Lügner an allen getesteten Personen beträgt $\frac{59}{150} \approx 0{,}39 = 39\,\%$.
- Die Wahrscheinlichkeit, dass ein Lügner überführt wird, beträgt $\frac{55}{59} \approx 0{,}93 = 93\,\%$.
- Die Wahrscheinlichkeit, dass ein „Nichtlügner" fälschlicherweise der Lüge bezichtigt wird, beträgt $\frac{7}{91} \approx 0{,}08 = 8\,\%$.
- Die Wahrscheinlichkeit, dass eine der Lüge bezichtigte Person tatsächlich gelogen hat, beträgt $\frac{55}{62} \approx 0{,}89 = 89\,\%$.

Die Ergebnisse kann man ohne Kenntnis einer Regel (z. B. die von Bayes) der Tabelle entnehmen. Man sollte diese Aufgabe aufmerksam lösen, damit die einzelnen Ergebnisse gut zu interpretieren sind.

202 5. *Richtiges Anwenden der Multiplikationsregel*
Dem Text kann man entnehmen:
P(liest Anzeige) = 0,2;   P(kauft Produkt | liest Anzeige) = 0,09

Nach der Multiplikationsregel gilt:
P(liest Anzeige **und** kauft Produkt) = P(liest Anzeige) · P(kauft Produkt | liest Anzeige)
= 0,2 · 0,09 = 0,018

6. *Übersetzen von Daten in ein Baumdiagramm*
   a) Absolute Häufigkeiten

	Ja	Nein	Summe
Männlich	128	384	512
Weiblich	187	101	288
Summe	315	485	800

Relative Häufigkeiten

	Ja	Nein	Summe
Männlich	0,16	0,48	0,64
Weiblich	0,234	0,126	0,36
Summe	0,394	0,606	1

Übersetzen der tabellarisch erfassten Daten in ein Baumdiagramm:

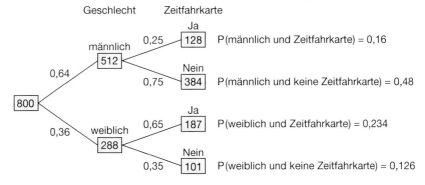

202

6. Fortsetzung

a) *Interpretieren Sie mit den Schülerinnen und Schülern sorgfältig z. B.*
P(männlich und Zeitfahrkarte) = 0,16: Wenn man zufällig eine der 800 Personen auswählt, dann ist die Wahrscheinlichkeit, dass sie männlich ist und eine Zeitfahrkarte hat, 16 %. Die Wahrscheinlichkeit P(Zeitfahrkarte|männlich) = 0,25 (siehe Baumdiagramm) bedeutet:
Wenn man zufällig eine Person von den 512 männlichen Teilnehmern an der Befragung herausgreift, wählt man mit der Wahrscheinlichkeit von 25 % eine Person aus, die eine Zeitfahrkarte besitzt.

b) Der Anteil der Zeitfahrkartenbesitzer an allen befragten Personen beträgt $\frac{315}{800} \approx 0{,}394$.

7. *Ergänzen und Auswerten von Tabellen und Baumdiagrammen*

a) Die Daten sind nicht richtig in die Vierfeldertafel eingetragen.
18,5 % der männlichen Radfahrer tragen einen Helm ist ebenso eine bedingte Wahrscheinlichkeit wie die 30,2 %.

Baumdiagramm:

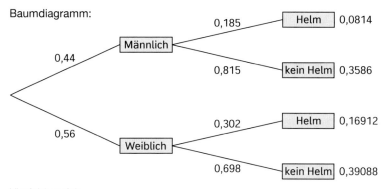

Vierfeldertafel:

	Helm	kein Helm	Summe
Männlich	0,0814	0,3586	0,44
Weiblich	0,16912	0,39088	0,56
Summe	0,25052	0,74948	1

b) Anteil der Helmträger unter den überprüften Schülerinnen und Schülern: 25,052 %

c) h(Jungen|Helmträger) = $\frac{0{,}0814}{0{,}25052} \approx 0{,}325$

203

8. *Übungen zur bedingten Wahrscheinlichkeit*

a) In der Urne befinden sich eine blaue und fünf rote Kugeln. Es gilt für das Ziehen der ersten Kugel: P(1. Kugel blau) = $\frac{1}{6}$; P(1. Kugel rot) = $\frac{5}{6}$
Wurde im ersten Zug eine rote Kugel gezogen, sind nur noch vier rote und eine blaue Kugel übrig. Die Wahrscheinlichkeit, anschließend eine rote Kugel zu ziehen, beträgt somit: P(2. Kugel rot|1. Kugel rot) = $\frac{4}{5}$
Entsprechend berechnet man: P(2. Kugel blau|1. Kugel rot) = $\frac{1}{5}$
Weiterhin gelten: P(2. Kugel rot|1. Kugel blau) = 1;
P(2. Kugel blau|1. Kugel blau) = 0

203 8. Fortsetzung
a) Nun können wir auch das Baumdiagramm ergänzen:

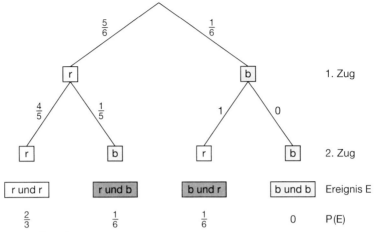

Weiterhin gelten:
P(1. Kugel rot | 2. Kugel blau) = 1;   P(1. Kugel blau | 2. Kugel blau) = 0

b) In der Urne befinden sich eine blaue und fünf rote Kugeln. Es gilt für das Ziehen der ersten Kugel: P(1. Kugel blau) = $\frac{1}{6}$;   P(1. Kugel rot) = $\frac{5}{6}$
Da wir diesmal mit Zurücklegen ziehen, spielt es im zweiten Zug keine Rolle, welche Farbe die erstgezogene Kugel hatte. Die Wahrscheinlichkeiten dafür, im zweiten Zug eine rote oder blaue Kugel zu ziehen, entsprechen denen aus dem ersten Zug: P(2. Kugel rot | 1. Kugel rot) = P(1. Kugel rot) = $\frac{5}{6}$;
P(2. Kugel blau | 1. Kugel rot) = P(1. Kugel blau) = $\frac{1}{6}$

Ebenso hat die Information darüber, welche Kugel als zweite gezogen wurde, keinen Einfluss auf die Wahrscheinlichkeit, mit welcher im ersten Zug eine Kugel einer bestimmten Farbe gezogen wurde. Daraus folgt:
P(1. Kugel rot | 2. Kugel blau) = P(1. Kugel rot) = $\frac{5}{6}$;
P(1. Kugel blau | 2. Kugel blau) = P(1. Kugel blau) = $\frac{1}{6}$

Nun lässt sich das vorgegebene Baumdiagramm beschriften:

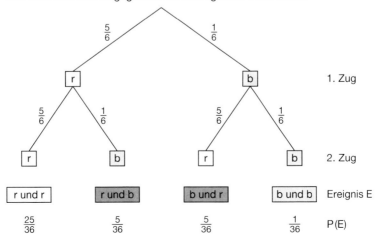

203

9. *Bürgerbefragung*

Angenommen, wir wählen von allen Personen, welche an der Bürgerbefragung teilgenommen haben, zufällig eine aus. Wir definieren die folgenden Ereignisse:
„Ja": Die ausgewählte Person hat dem Neubau zugestimmt;
„<21": Die ausgewählte Person war jünger als 21 Jahre.
Aus dem Text folgen:
P(„Ja") = 0,68 und P(„<21"|„Ja") = 0,35
Nach der Multiplikationsregel gilt:
0,68 · 0,35 = P(„Ja") · P(„<21"|„Ja") = P(„Ja" und „<21")
Das Ergebnis der vorgegebenen Rechnung ist die Wahrscheinlichkeit dafür, dass die zufällig ausgewählte Person sowohl dem Neubau zustimmte als auch zum Zeitpunkt der Befragung jünger war als 21 Jahre.
In Anteilen ausgedrückt könnte man also folgende Fragestellung formulieren:
Wie groß ist der Anteil der Befragten, die dem Neubau zustimmten und zum Zeitpunkt der Befragung jünger waren als 21 Jahre?

10. *Gesundheit*
    a) Absolute Häufigkeiten (Relative Häufigkeiten)

	Erhöhter Blutdruck	Kein erhöhter Blutdruck	Summe
Mehr als 5 g Salz	20 (0,2)	20 (0,2)	40 (0,4)
Weniger als 5 g Salz	9 (0,09)	51 (0,51)	60 (0,6)
Summe	29 (0,29)	71 (0,71)	100 (1)

    b) Nach der Regel zur Berechnung der bedingten Wahrscheinlichkeit folgt:
    P(Erhöhter Salzverzehr|Erhöhter Blutdruck)
    $$= \frac{P(\text{Erhöhter Salzverzehr und Erhöhter Blutdruck})}{P(\text{Erhöhter Blutdruck})} = \frac{0{,}2}{0{,}29} = 0{,}69$$
    Das bedeutet, dass der Anteil der Personen mit erhöhtem Salzverzehr an den Personen mit erhöhtem Blutdruck etwa 69 % beträgt.

11. *Typische Fragestellungen mit bedingten Wahrscheinlichkeiten*
    a) Aus der Tabelle:
    P(„Kunde kauft nur Zahnpasta") = $\frac{600}{1000}$ = 0,6
    P(„Kunde kauft nur Mundwasser") = $\frac{50}{1000}$ = 0,05
    P(„Kunde kauft Zahnpasta" und „Kunde kauft Mundwasser") = $\frac{200}{1000}$ = 0,2
    Das Gegenereignis zu „Der Kunde kauft mindestens eines der beiden Produkte" lautet „Der Kunde kauft keines der beiden Produkte".

    P(„Kunde kauft mindestens eines der beiden Produkte")
    = 1 − P(„Kunde kauft keines der beiden Produkte") = 1 − $\frac{150}{1000}$ = 1 − 0,15 = 0,85

203 11. b) Nach der Regel für die bedingte Wahrscheinlichkeit gilt: $P(A|B) = \frac{P(A \text{ und } B)}{P(B)}$

Der rechten Tabelle können wir entnehmen: $P(A \text{ und } B) = 0{,}2$ und $P(B) = 0{,}25$

Daraus folgt: $P(A|B) = \frac{0{,}2}{0{,}25} = 0{,}8$

$P(A|\overline{B}) = \frac{P(A \text{ und } \overline{B})}{P(\overline{B})}$

(Aus der Tabelle: $P(A \text{ und } \overline{B}) = 0{,}6$ und $P(\overline{B}) = 0{,}75$) $\Rightarrow P(A|\overline{B}) = \frac{0{,}6}{0{,}75} = 0{,}8$

$P(B|A) = \frac{P(B \text{ und } A)}{P(A)} = \frac{0{,}2}{0{,}8} = 0{,}25$

$P(\overline{A}|B) = \frac{P(\overline{A} \text{ und } B)}{P(B)} = \frac{0{,}05}{0{,}25} = 0{,}2$

$P(B|\overline{A}) = \frac{P(B \text{ und } \overline{A})}{P(\overline{A})} = \frac{0{,}05}{0{,}2} = 0{,}25$

$P(\overline{B}|A) = \frac{P(\overline{B} \text{ und } A)}{P(A)} = \frac{0{,}6}{0{,}8} = 0{,}75$

$P(\overline{A}|\overline{B}) = \frac{P(\overline{A} \text{ und } \overline{B})}{P(\overline{B})} = \frac{0{,}15}{0{,}75} = 0{,}2$

$P(\overline{B}|\overline{A}) = \frac{P(\overline{B} \text{ und } \overline{A})}{P(\overline{A})} = \frac{0{,}15}{0{,}2} = 0{,}75$

204 12. *Meningitiserkrankung*

a) Absolute Häufigkeiten

	Meningitis	keine Meningitis	Gesamt
steifer Hals	1	4999	5000
kein steifer Hals	1	94999	95000
Gesamt	2	99998	100000

b) Gesucht ist die Wahrscheinlichkeit dafür, dass eine zufällig ausgewählte Person aus dem vorliegenden Bundesland, welche unter Genicksteife leidet, auch an Meningitis erkrankt ist. Gesucht ist also P(Meningitis|steifer Hals).

Laut obiger Tabelle ist P(Meningitis|steifer Hals) = $\frac{1}{5000} = 0{,}0002 = 0{,}02\,\%$.

205 13. *Labortest*

a) Sensitivität: Wahrscheinlichkeit, dass ein Erkrankter positiv getestet wird

Aus dem Text folgt direkt $P(+|K) = 0{,}9$.

Spezifität: Wahrscheinlichkeit, dass ein Gesunder negativ getestet wird

Aus dem Text folgt auch hier direkt $P(-|\overline{K}) = 0{,}91$.

b)

	Positives Testergebnis (+)	Negatives Testergebnis (−)	Summe
Erkrankt (K)	0,009	0,001	0,01
Nicht erkrankt ($\overline{K}$)	0,089	0,901	0,99
Summe	0,098	0,902	1

Nach der Regel für die bedingte Wahrscheinlichkeit gilt:

$P(K|+) = \frac{P(K \text{ und } +)}{P(+)} = \frac{0{,}009}{0{,}098} \approx 0{,}092 = 9{,}2\,\%$

13. c) Der Arzt ging in seinem Modell mit absoluten Zahlen von 10 000 untersuchten Personen aus. Um die absoluten Häufigkeiten zu bestimmen, hat er jedes Ergebnis der Tabelle aus Aufgabenteil b) mit 10 000 multipliziert.
Der Arzt könnte nun wie folgt argumentieren:
Von 981 positiv getesteten Personen sind in der Regel nur 90 tatsächlich erkrankt, während 891 Patienten gesund sind.
In Anteilen ausgedrückt kann man sagen, dass nur $\frac{90}{981} \approx 0{,}09 = 9\,\%$ der positiv getesteten Personen tatsächlich erkrankt sind.

14. *Kritisch nachgefragt*
Das Überraschende kommt daher, dass die Zahl Erkrankter in der Bevölkerung recht gering ist. Daher kommen bei einem Reihentest (Zufallsstichprobe aus der Bevölkerung) sehr viel mehr gesunde Personen zum Test als Kranke. Daher ist die absolute Zahl der Fehldiagnosen (fälschlicherweise als positiv getestete Personen) recht hoch.
Angenommen, die Wahrscheinlichkeit, dass die betreffende Erkrankung in der Bevölkerung auftritt, beträgt 2 %. Daraus folgt P(K) = 0,02. Dem Text aus Übung 13 zufolge gelten P(+|K) = 0,9 und P(−|$\overline{K}$) = 0,91.
Man erhält nach der Regel für die bedingte Wahrscheinlichkeit:
$P(K|+) = \frac{P(K \text{ und } +)}{P(+)} = \frac{0{,}018}{0{,}1062} \approx 0{,}17 = 17\,\%$
Angenommen, die Wahrscheinlichkeit, dass die betreffende Erkrankung in der Bevölkerung auftritt, beträgt 10 %. Daraus folgt P(K) = 0,1.
Nach der Produktregel gilt: P(+ und K) = P(K) · P(+|K) = 0,1 · 0,9 = 0,09
Dann folgt nach der Regel für die bedingte Wahrscheinlichkeit:
$P(K|+) = \frac{P(K \text{ und } +)}{P(+)} = \frac{0{,}09}{0{,}171} \approx 0{,}53 = 53\,\%$
Was beobachten Sie?
Je größer die Wahrscheinlichkeit, dass die betreffende Erkrankung in der Bevölkerung auftritt, desto größer ist auch die Wahrscheinlichkeit dafür, dass ein positiv getesteter Patient tatsächlich erkrankt ist.

Angenommen, die betreffende Krankheit tritt in der Bevölkerung mit einer Wahrscheinlichkeit von 1 % auf. Woran liegt es, dass die Wahrscheinlichkeit P(K|+) trotz des recht sicheren Tests noch so gering ist?
Wir wissen, dass unabhängig vom Anteil der Kranken in der Bevölkerung P(+|K) = 0,9 und P(−|$\overline{K}$) = 0,91 gelten. Weiter ist P(+|$\overline{K}$) = 1 − P(−|$\overline{K}$) = 0,09.
9 % der Gesunden und 90 % der Kranken werden positiv getestet. Das Problem ist, dass die Anzahl der Gesunden in der Bevölkerung 99-mal so groß ist wie diejenige der Kranken. Daher ist auch die Anzahl der fälschlicherweise positiv getesteten Gesunden viel größer als diejenige der positiv getesteten Kranken.
Dies lässt sich auch gut an der Tabelle aus Übung 13 c) veranschaulichen. Von 10 000 getesteten Personen sind nur 100 tatsächlich erkrankt. 90 % von ihnen erhalten ein positives Testergebnis. Das sind 90 Personen. Von den untersuchten Personen sind 9900 gesund. 9 % von ihnen erhalten dennoch fälschlicherweise ein positives Testergebnis. Absolut betrachtet sind das insgesamt 891 Personen. Die Anzahl der fälschlicherweise positiv getesteten Personen ist also viel größer als diejenige der positiv getesteten Kranken. Aus diesem Grund ist der Anteil der Kranken unter den positiv getesteten Personen so gering.

205   15. *Machen Screenings Sinn?*

	Test +	Test −	Summe
HIV	40 959	41	41 000
nicht HIV	163 918	81 795 082	81 959 000
Summe	204 877	81 795 123	82 Mio.

Schlussfolgerungen:
Der Tabelle kann man entnehmen, dass erheblich mehr Gesunde fälschlicherweise als HIV-Infizierte positiv getestet werden. Dies liegt daran, dass die Bevölkerung Deutschlands sehr groß und der Anteil der Infizierten in der Bevölkerung sehr gering ist.
99,9 % der Kranken werden positiv getestet, während 100 % − 99,8 % = 0,2 % der Gesunden positiv getestet werden. Nun gilt aber:
99,9 % von 41 000 sind 40 959 Personen und 0,2 % von 81,959 Mio. sind 163 918 Personen. Der Anteil der tatsächlich HIV-Infizierten unter den positiv Getesteten beträgt $\frac{40959}{163918} \approx 0{,}25 = 25\,\%$. Die Wahrscheinlichkeit, dass man den HI-Virus hat, wenn man positiv getestet wurde, beträgt also nur 0,25.
Beschränkte man sich bei dem Screening auf eine gewisse Risikogruppe, z. B. Drogenabhängige mit Drogeninjektionen, in der der Anteil der HIV-Infizierten größer ist als in der Gesamtbevölkerung der Bundesrepublik, so wäre auch der Anteil der Infizierten unter den positiv getesteten Personen größer. Die Frage, ob ein solches Screening für die gesamte Bevölkerung der Bundesrepublik sinnvoll ist, soll eine offene Diskussion einleiten.

206   16. *Unabhängigkeit von Ereignissen*
       a) Unter denjenigen, die bewusst ausschließlich Butter oder Margarine verwenden, ist der Anteil derjenigen, die den Unterschied zwischen Butter und Margarine herausschmecken können, $\frac{22}{38} \approx 0{,}58$. Dieser Anteil beträgt unter denen, die Butter oder Margarine nicht bewusst verwenden, $\frac{18}{82} \approx 0{,}22$.
       Die Ergebnisse in der Tabelle stützen die Vermutung, dass Personen, die im Alltag bewusst ausschließlich Butter oder Margarine verwenden, eher einen Unterschied herausschmecken, und dass Personen, die nicht bewusst Butter oder Margarine verwenden, auch seltener einen Unterschied herausschmecken. Die Ergebnisse in der Tabelle sind davon abhängig, ob im Alltag bewusst ausschließlich Butter oder Margarine verwendet wird.
       b) Der Anteil unter den Männern, die Butter von Margarine unterscheiden können, beträgt $\frac{18}{54} \approx 0{,}33$; der entsprechende Anteil unter den Frauen beträgt $\frac{22}{66} \approx 0{,}33$. Da die Anteile für beide Geschlechter jeweils identisch sind, scheint es so zu sein, dass die Fähigkeit zwischen Butter und Margarine geschmacklich unterscheiden zu können, nicht vom Geschlecht abhängt. Die Ergebnisse in der Tabelle sind unabhängig vom Geschlecht.

       Schlussfolgerung:
       In dem von Laura und Matthias durchgeführten Geschmackstest können Personen, die bewusst im Alltag ausschließlich Butter oder Margarine verwenden, auch geschmacklich besser unter diesen unterscheiden. Das Geschlecht spielt dabei keine Rolle.

207 17. *Ziehen mit und ohne Zurücklegen*
a) Baumdiagramm für „Ziehen mit Zurücklegen":

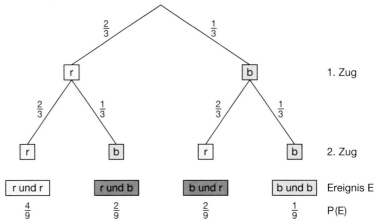

Da die Kugeln nach jedem Zug wieder in die Urne zurückgelegt werden, beeinflusst die Farbe der erstgezogenen Kugel die Wahrscheinlichkeit des Auftretens einer bestimmten Farbe im zweiten Zug nicht. Daher gilt:
P(2. Kugel rot | 1. Kugel blau) = P(Kugel rot) = $\frac{2}{3}$
P(2. Kugel blau | 1. Kugel blau) = P(Kugel blau) = $\frac{1}{3}$
P(2. Kugel rot | 1. Kugel rot) = P(Kugel rot) = $\frac{2}{3}$
P(2. Kugel blau | 1. Kugel rot) = P(Kugel blau) = $\frac{1}{3}$

b) Da die Anzahl der gezogenen Kugeln viel geringer ist als die Gesamtanzahl der Kugeln in der Urne, unterscheiden sich die Wahrscheinlichkeiten beim Ziehen von zwei Kugeln mit und ohne Zurücklegen kaum voneinander.
Beispiel: Urne enthält 4000 rote und 2000 blaue Kugeln
Wir ziehen zwei Kugeln „ohne Zurücklegen" und berechnen die Wahrscheinlichkeiten analog zu Aufgabe 2:
P(2. Kugel rot | 1. Kugel blau) = $\frac{4000}{5999} \approx 0{,}6668 \approx \frac{2}{3}$
P(2. Kugel blau | 1. Kugel blau) = $\frac{1999}{5999} \approx 0{,}3332 \approx \frac{1}{3}$
P(2. Kugel rot | 1. Kugel rot) = $\frac{3999}{5999} \approx 0{,}66661 \approx \frac{2}{3}$
P(2. Kugel blau | 1. Kugel rot) = $\frac{2000}{5999} \approx 0{,}33339 \approx \frac{1}{3}$

18. *Test auf Unabhängigkeit mithilfe der Vierfeldertafel*

	B	$\bar{B}$	Summe
A	$\frac{1}{8}$	$\frac{1}{8}$	$\frac{1}{4}$
$\bar{A}$	$\frac{3}{16}$	$\frac{9}{16}$	$\frac{3}{4}$
Summe	$\frac{5}{16}$	$\frac{11}{16}$	1

Die Ereignisse A und B sind nicht unabhängig, denn es gelten: P(B|A) = $\frac{\frac{1}{8}}{\frac{1}{4}} = \frac{1}{2}$ und P(B) = $\frac{5}{16}$

207 Kopfübungen

1 Für die Werte a = 0, b = 2 und c = $-\frac{1}{3}$ mit x · (x + 2) · $\left(x - \frac{1}{3}\right)$ = 0 erhält man die gegebenen Lösungen.

2 Ja: Beim Einsetzen von x = –2 und y = –7 zeigt sich, dass das Wertepaar Lösung beider Gleichungen ist.

3 138 m²
$A = A_{oben} + A_{unten} + 4 \cdot A_{Trapez}$
$A_{oben} = 3^2 = 9$ (im m²)
$A_{unten} = 7^2 = 49$ (im m²)
$A_{Trapez} = \frac{1}{2} \cdot (3 + 7) \cdot 4 = 20$ (in m²)

4

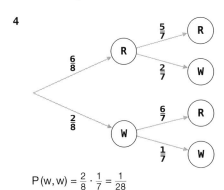

$P(w, w) = \frac{2}{8} \cdot \frac{1}{7} = \frac{1}{28}$

208

19. *Dunkelfeldforschung*

a) Das oben beschriebene Befragungsverfahren hilft dabei, die Dunkelziffer der Schwarzfahrer zu erfassen, da man die Wahrscheinlichkeit, eine „1" zu würfeln, bereits kennt und so anhand des Anteils der Antworten „Ja" bzw. „Nein" unter allen Antworten den Anteil h der Schwarzfahrer abschätzen kann.
Bei einer direkten Befragung müsste man damit rechnen, dass Personen, welche schon einmal schwarzgefahren sind, aus Scham oder aus Angst, nachträglich zur Rechenschaft gezogen zu werden, vermehrt lügen. Sie sind möglicherweise von der Anonymität des Verfahrens nicht überzeugt.
Durch das beschriebene Befragungsverfahren gewinnen sie mehr Sicherheit darüber, dass es nicht nachweisbar ist, ob sie gelogen oder die Wahrheit gesagt haben. Der Anteil der Schwarzfahrer lässt sich so zwar nur schätzen, doch werden vermutlich mehr Personen gemäß den Regeln auf dem Fragebogen ehrlich antworten als bei einer direkten Befragung.

b) Es sei h der Anteil der Schwarzfahrer in dem betreffenden, öffentlichen Verkehrsverbund. Dementsprechend beträgt dort der Anteil der Nicht-Schwarzfahrer (1 – h).
Die Wahrscheinlichkeit, eine „1" zu würfeln, beträgt $\frac{1}{6}$;
die Wahrscheinlichkeit, keine „1" zu würfeln, $\frac{5}{6}$.

208 19. Fortsetzung

b) Die Wahrscheinlichkeiten liefern einen guten Schätzwert für die relativen Häufigkeiten bei einer großen Anzahl befragter Personen. Aus diesem Grund können wir annehmen, dass etwa $\frac{1}{6}$ der Befragten eine „1" würfeln. Diese müssen die Frage wahrheitsgemäß beantworten.

Folgerung:
Beträgt der Anteil der Schwarzfahrer h, so erhält man von diesem den Anteil von $\frac{1}{6} \cdot h$ der „Ja"-Antwort.

Der Anteil derjenigen, die nicht schwarzgefahren sind, ist (1 − h). Im Falle, dass diese keine „1" würfeln, lügen sie und sagen „Ja". So erhält man von diesen Personen den Anteil von $\frac{5}{6} \cdot (1 - h)$ der „Ja"-Antworten. Damit beträgt der Anteil der „Ja"-Antworten insgesamt $h(\text{„Ja"}) = \frac{1}{6} \cdot h + \frac{5}{6} \cdot (1 - h)$.

c) Es gilt: $600 \cdot h(\text{„Ja"}) = 600 \cdot \left(\frac{1}{6} \cdot h + \frac{5}{6} \cdot (1 - h)\right) = 305$

$\Rightarrow \frac{1}{6} \cdot h + \frac{5}{6} \cdot (1 - h) = \frac{305}{600} \Rightarrow \frac{1}{6} \cdot h + \frac{5}{6} - \frac{5}{6} \cdot h = \frac{305}{600} \Rightarrow \frac{5}{6} - \frac{305}{600} = \frac{4}{6} \cdot h$

$\Rightarrow \frac{195}{600} = \frac{4}{6} \cdot h \Rightarrow h = \frac{195}{400} = 0{,}4875$

Der Anteil der Personen, die schon einmal schwarzgefahren sind, beträgt unter der gegebenen Annahme etwa 0,49.

Mit welchen Unsicherheiten ist dieser Schätzwert behaftet?
Die Wahrscheinlichkeit, eine „1" zu würfeln, ist ein guter Schätzwert für die relative Häufigkeit der Augenzahl 1 bei sehr vielen Würfen. Je mehr Personen befragt werden, desto weniger schwanken die relativen Häufigkeiten um diesen Schätzwert. Doch auch größere Abweichungen vom Wert $\frac{1}{6}$ lassen sich nicht gänzlich ausschließen.

Weiter kann man keine Aussage darüber treffen, ob die Befragten sich tatsächlich immer an die Regeln auf dem Fragebogen halten.

d) Von 1000 Fahrgästen kreuzten $0{,}61 \cdot 1000 = 610$ Fahrgäste die Antwort „Ja" an.
Es gilt:
$1000 \cdot \left(\frac{1}{6} \cdot h + \frac{5}{6} \cdot (1 - h)\right) = 610 \Rightarrow \frac{1}{6} \cdot h + \frac{5}{6} - \frac{5}{6} \cdot h = \frac{610}{1000} \Rightarrow \frac{5}{6} - 0{,}61 = \frac{4}{6} \cdot h$
$\Rightarrow h \approx 0{,}335$

Diesem Ergebnis könnte man mehr vertrauen, da es sich auf eine größere Anzahl der Befragten stützt. Allerdings ist diese Zahl nur unerheblich größer.

e) Ansatz: $h(\text{„Ja"}) = 0{,}5 \cdot h + 0{,}5 \cdot (1 - h) = 0{,}5$
Man erhält mit diesem Verfahren unabhängig von dem Anteil der Schwarzfahrer in der Stichprobe stets in etwa 50 % „Ja"-Antworten.